너에게 좋은 부모이고 싶어서

너에게 좋은 부모이고 싶어서

1쇄 발행 2023년 12월 29일

지은이 리라쌤

펴낸곳 책과이음
출판등록 2018년 1월 11일 제395-2018-000010호
대표전화 0505-099-0411 **팩스** 0505-099-0826
이메일 bookconnector@naver.com
Facebook · Blog /bookconnector
Instagram @book_connector
독자교정 김보미 김수민 박정선 서경옥

ISBN 979-11-90365-56-7 03590

책값은 뒤표지에 있습니다.

잘못 만들어진 책은 구입하신 서점에서 교환해드립니다.

책과이음 • 책과 사람을 잇습니다!

너에게 좋은 부모이고 싶어서

매일 화내고 반성하고
자책하는 부모를 위한 리라쌤의
마음 성장 프로젝트

리라쌤 지음

책과이음

[프롤로그]

마음과 마음을 잇는 시간

상담실은 언뜻 보면 참 재미없는 공간이다. 테이블과 의자 정도의 가구가 전부인 공간에 한쪽 벽면으로는 항상 똑같은 자리에 각종 캐릭터 모형과 교구가 가지런히 열을 맞춰 정리되어 있다. 이곳에서 일하는 선생님들의 일과 역시 대체로 같은 시각 같은 일정으로 반복되며 큰 변화 없이 돌아간다. 하지만 재미있는 점은 상담실 안에서 이루어지는 상담 중 어느 하나도 똑같은 내용이 없다는 사실이다. 사람의 손가락에 새겨진 지문의 모양이 조금씩 다른 것처럼 세상을 살아가는 우리의 고민도 그러하다. 그런 의미에서 상담실은 별것 없는 공간에 불과하지만, 또한 별의별 것이 다 있는 소란하면서도 매력적인 공간이기도 하다.

나는 상담이란 곧 사람의 마음과 마음을 잇는 일이라고 생각한다. 마음은 눈으로 보이지 않는다. 그래서 최선을 다해 마음의 소리에 귀를 기울이고 내면의 상태를 파악하려 노력한다. 그러면 늦거나 빠른 정도의 차이는 있을지언정 대개는 자연스레 원활한 소통이 이루어지게 되어 있다. 상담실에 찾아온 부모들은 간혹 아이가 공부를 하지 않아서, 반항심이 많아서, 거짓말을 해서, 예의가 없어서, 약속을 지키지 않아서, 학교에 가지 않아서 등등과 같은 이유로 자녀에게 크게 실망해 있는 상태다. 그래서 일단 혼내고 벌을 주거나 꾸짖기라도 해서 아이에게 무엇이 옳은지 따끔하게 알려주어야 하지 않느냐고 물어오기도 한다.

물론 필요에 따라 화가 나면 화를 내고, 서운하고 실망하는 마음이 든다면 그 마음을 있는 그대로 솔직하게 표현해도 좋다. 하지만 비난하고 욕하고 소리 지르면서 자녀에게 자신의 감정을 쏟아내는 방식은 자녀가 부모의 마음을 이해하고 자신의 잘못을 깨닫게 만들기보다는 도리어 부모와의 관계에 깊은 골을 만드는 지름길이 될 뿐이다. 이런 결과는 부모도 결코 원하지 않을 것이다.

결국 부모와 자녀 사이의 갈등도 소통 단절에서 시작된다. 어떤 방법으로 부모의 긍정적 혹은 부정적 감정을 표현하고 전달하느냐가 중요하다는 뜻이다. 부모가 자신이 느끼는 감정을 잘 전달할 수 있으려면 먼저 자기 감정을 올바르게 바라볼 수 있어야 한다. 물론 이것은 말처럼 쉽지 않지만, 노력하면 점점 더 개선할 여지와 가능성이 충분하다. 적어도 방법이 옳다면 우리 자신도 모르게 조금씩 나아지는 과정에 있다고 믿어도 좋다.

부모로서 자기 자신의 감정을 올바르게 이해하는 것은 마찬가지로 자녀의 감정을 수용하는 데도 중요하게 작용한다. 올바른 소통이 가능하다면 부모와 자녀 사이에 돌출하는 어떠한 갈등도 해결할 수 있다고 단언한다. 이런 이유로 내게는 상담을 하면서 강조하는 기본 원칙이 있다.

1. 부모 자녀 간 관계는 존중이 바탕이다.
2. 문제 해결보다는 이해와 공감이 먼저다.
3. 어떤 사실도 왜곡하지 않고 있는 그대로 받아들인다.
4. 부모로서 지금 하려는 것이 과연 정말로 자녀를 위한 일인지 생각해 본다.

5. 자녀가 부모에게 온전히 사랑받고 있다는 느낌을 경험하도록 한다.
6. 자녀의 연령에 맞는 적절한 심리적 거리감을 주어 독립심을 키운다.
7. 자녀뿐만 아니라 자녀와 관계를 맺고 있는 모든 사람이 더불어 성장하도록 노력한다.

때에 따라 조금 다를 수는 있지만, 내가 이 기본 원칙을 바탕으로 상담하는 이유는 이것이 부모와 자녀의 역할, 부모 자녀 간의 관계에 매우 중요한 기준이 되어서다. 우리는 종종 살면서 우리가 원하지 않는 관계를 맺고, 예상치 못한 힘든 난관에 부닥치며, 이따금 실패와 좌절도 경험해야 한다. 이건 어느 누구도 원하지 않는 일이고, 특히 부모로서 내 자녀가 겪지 않았으면 하고 바라는 점이기도 하다. 하지만 세상 어느 누구도 어렵고 불편한 상황을 완벽히 회피한 채 살아갈 수는 없다.

그렇다면 과연 우리는 부모로서 자녀에게 무엇을 해주어야 할까? 혹시라도 아이가 위험에 처하거나 힘들어질까 봐 옆에서 초조한 마음으로 지켜보고, 아이의 삶 앞에 나타나는 모든 장애물을 알아서 미리 치워주어야 할까? 아니면 혼자 힘으로 헤쳐나가라고 내버려두어야 할까? 정답은 '둘 다 맞다'이다.

먼저, 현재 내 아이가 어떤 상태인지, 얼마나 더 버티고 헤쳐나갈 수 있는지 객관적으로 판단해야 한다. 그런 뒤 아이가 주어진 문제를 하나씩 해결해나갈 수 있도록 기다려주자. 마냥 손 놓고 기다리며 내버려두라는 말이 아니다. 힘을 낼 수 있게 격려하면서 시간을 두고 지켜보라는 뜻이다. 무조건 '할 수 있어'라고 강요하는 게 아니라 '실패할 수 있지만 우리 한번 해보자'라고 손 내밀 수 있어야 한다. 곁에서 지켜볼 때도 무작정 방관하기만 하는 것이 아니다. 상황이 매우 위험하거나 아이가 더 이상 버틸 수 없는 상태일 때는 즉시 개입해서 도와주기 위한 적극적인 지켜봄이 필요하다.

상담실에 오는 많은 사람들이 상담 도중 눈물을 쏟으며 나의 지난 잘못을 반성한다는 말을 종종 한다. 그러나 비단 부모와 자녀 사이의 관계만 문제가 아니다. 우리는 모든 관계에서 상대를 지나치게 사랑하는 마음에 오히려 서로에게 상처를 줄 때가 많다. 각종 채널의 부모 교육 영상에 올라온 댓글의 내용을 봐도 마찬가지다. 사실 육아 문제에 관심을 가지고 관련 영상을 보면서 자신을 돌아보는 부모라면 이미 훌륭한 부모라고 칭찬하지 않을 수 없다. 지금이 책을 펼친 독자 여러분 또한 아마 어떤 이유에서든 자녀와의 관계가 힘들어서 변화를 준비하려는 부모라고 생각한다. 그러니 책의 내용 중에 유독 자신의 마음을 붙잡는 부분이 있다면 그게 바로 나와 아이 모두가 행복한 세상을 만들기 위해 노력하고 있다는 신호라고 알아주었으면 좋겠다.

지금 삶이 힘들다면 이 시간이 언젠가 지나가리라는 믿음을 잃지 않았으면 좋겠다. 이 힘든 시간이 결코 헛되지 않음을, 고통스러운 시간이 쌓여 부모와 아이가 변화하고 함께 성장할 기회가 될 수 있음을 믿는다. 이 소중한 과정에 어떤 방식으로든 내가 함께할 수 있음에 감사하다. 이 책을 통해 소중한 사람과 관계를 회복하고 가정이 주는 평온한 안정을 느끼는 시간이 어서 찾아오길 간절히 바라는 마음이다.

차 례

PART 3 * 리라쌤의 알쏭달쏭 심리상담실

PART 1

육아도 마음공부가 필요합니다

내 아이가 바라는 부모

자녀 문제로 상담실에 방문하는 부모의 모습에서는 대개 조심스러운 기색이 잔뜩 묻어난다. 누구의 잘못도 아닌데, 마치 큰 죄를 저질러 법원에 출석하듯 '누가 보면 어쩌나' 하는 마음으로 주변을 경계하는 것이다. 그래서 평소 상담실은 큰 소리가 나지 않는 차분한 분위기다. 그런데 어느 날 고요한 상담실에 느닷없이 "빨리 들어와~!"라는 호통 소리가 울리더니 곧 아이의 울음이 터져 나왔다. 깜짝 놀라 나가보니 사무실 입구에서 어떤 어머님이 자녀의 팔을 붙들고 우격다짐으로 끌고 들어오고 있었다.

우당탕탕 끌려온 아이는 초등 3학년쯤 되어 보이는 왜소한 체구의 남자아이였다. 아이는 손에 조그만 스파이더맨 피규어를 든

채 작은 어깨를 한껏 움츠리며 서럽게 울고 있었다. 아이의 이름은 동호였다. 엄마가 접수를 하는 동안 살펴본 동호의 모습은 두말할 필요 없이 불안한 상태였다. 의자에 앉지도 그렇다고 서지도 않은 채 시종일관 안절부절못했다. 상담실에서도 비슷했다. 책상 앞에 놓인 의자에는 아예 앉을 생각을 하지 않고, 한쪽 선반에 전시된 피규어에 가까이 다가가 관심을 보이면서도 딱히 손을 내밀어 만지지는 않았다. 나중에 알고 보니 동호가 그렇게 행동한 이유는 좀 특별했다. 바로 의자나 피규어에 독이 묻어 있을까 봐서였다. 동호의 어머님이 상담을 요청한 이유도 비슷했다. 동호는 엄마가 혹시 자기가 먹을 음식에 독을 넣었을지 모른다고 의심하며 그동안 잘 먹던 밥과 물도 먹지 않고 있다고 했다. 아마 여기까지 읽은 독자는 아이가 어떻게 이런 황당한 생각을 할 수 있는지 의아해할 것이다. 엄마가 자기 아이가 먹을 음식에 독을 넣는다고? 세상에 그런 일이 있을 수 있나?

아이에게 부모는 대체 불가능한 세계이다. 만약 그런 부모에 대한 신뢰를 잃으면 아이는 세상 그 어느 것도 믿을 수 없게 된다. 동호의 상태가 이 정도라면 분명히 동호를 이렇게 만든 계기가 있을 터였다. 어떤 점이 아이가 부모를 믿지 못하는 상황으로 몰아간 것일까? 여러 전조 증상도 있고 심리적 부적응 행동도 많았을 텐데, 왜 이렇게 심각한 단계에 이르러서야 겨우 상담을 하러 올 수 있었을까? 솔직히 본격적으로 상담을 시작하기에 앞서 아이가 이 지경이 되도록 내버려둔 부모에게 내심 화가 나기도 했다.

아이가 부모를 신뢰하지 못하는 이유

동호의 엄마는 서비스직에 종사했다. 감정노동과 육체노동을 겸하는 일은 고되고 힘들었다. 그래서 늘 아이에게 자신이 학창 시절 소홀히 한 공부를 강요하게 되었다. 퇴근하고 돌아와 살펴본 동호의 생활태도가 마음에 들지 않으면 질책과 체벌을 하고 비난도 퍼부었다. 동호는 엄마가 쏟아내는 스트레스를 작은 몸으로 감당해야 했고, 자신이 가정 안에서 수용받지 못한다고 느껴 차츰 부모에 대한 신뢰를 잃어갔다.

믿음이 사라진 자리에는 의심의 시간만 쌓였다. 동호는 주변의 모든 것을 받아들이지 못하고 여러 강박 증상을 보이기 시작했다. 아이에게 부모란 자신을 지켜주는 든든한 보호막 같은 존재다. 그러나 지금 동호를 지켜줄 수 있는 것은 자기 주머니 속에 있는 작은 히어로 캐릭터뿐이었다. 다른 것은 독이 있을까 봐 만지지도 먹지도 못하는 동호는 주머니에 소중하게 넣어 가지고 다니는 스파이더맨 피규어에만 의지하고 있었다. 그마저도 편하게 마음 놓고 꺼내 보는 게 어려워 누구에게 들킬세라 사방을 두리번거리며 주머니에서 조심히 꺼내서 보고, 잘 때도 주머니에 들어 있다는 걸 꼭 확인하고서야 잠이 들었다. 심지어 자다가도 깨서 확인하고 다시 자기를 여러 번이었다. 자고 있을 때 부모가 자기 몰래 스파이더맨 피규어를 가지고 갈까 봐 불안했던 것이다. 동호는 자신을 보호해줄 새장을 잃어버린 어린 새와 같았다.

동호처럼 아이가 부모를 신뢰하지 못하게 되는 이유는 다양하지만, 그중 대표적인 것이 체벌이다. 체벌은 아이가 자기 자신에 대한 부정을 직접적으로 체감하면서 부모에 대한 신뢰를 잃게 만드는 지름길이다. 그에 더해 "이해가 안 되네" "너 도대체 왜 그러는 거야?"처럼 거부감을 심어주는 말이 반복되면 아이는 부모가 만든 세계가 더 이상 안전한 공간이 될 수 없음을 인지하게 된다.

부모로서 회사 문제 등 가정 외부에서 오는 스트레스를 받아 자신도 모르게 아이에게 화풀이할 때를 떠올려보자. "지금 너 엄마 괴롭히려고 이러는 거지? 꼭 이렇게 엄마를 힘들게 해야 속이 시원해?"라고 소리를 질렀던 경험이 있을 것이다. 이때 아이는 어떻게 느낄까. 자신이 부모를 괴롭히는 존재가 되었으며, 부모에게 거절당했다고 받아들인다. 이런 경험이 하나둘 쌓이면 아이는 점차 부모를 믿지 못하게 된다. 부모가 나를 싫어하고 나를 거부하는 모습을 보이면 어쩔 수 없이 아이는 방어적이 되고, 때로는 자신을 적극적으로 보호하기 위해 공격적으로 변하기도 한다. 하지만 어린아이가 혼자서 자신을 방어하고 보호하는 것은 힘에 부치는 노릇이고, 결국 대개는 불안하고 예민한 성향을 발달시킬 수밖에 없는 것이다.

미술치료를 하다 보면 아이들의 그림 속에 히어로가 등장하는 경우를 종종 발견한다. 모든 그림을 똑같이 해석할 수는 없겠지만, 기본적으로 그림 속 히어로는 매우 중요한 상징이다. 사람들을 믿기 어려울 때, 특히 부모를 믿지 못할 때, 또는 매우 큰 힘을 가지고 싶을 때, 자기 혼자만의 힘으로는 상황을 바꾸기 어렵다고 느낄 때 히어로가 자주 등장한다. 동호의 주머니 속에 든 스파이더맨은 세상에서 부모 대신 자신을 지켜주는 유일한 존재였던 셈이다.

아이가 부모에게 바라는 것

가끔 상담 중에 지금 우리 아이에게 무엇을 더 해주면 좋을지 묻는 부모들이 있다. 무엇을 해줘야 지금보다 더 좋아질지, 지금 아이에게 무엇이 부족한지, 부모로서 이 시기에 해줘야 하는 무언가를 놓치고 있지는 않은지 불안한 까닭이다.

그러나 과유불급이라는 말처럼, 더하는 것이 언제나 좋은 결과를 가져오지는 않는다. 오히려 하지 말아야 할 것을 하지 않는 것이 필요할 때도 있다. 아이와 좋은 관계를 유지하고 아이에게 사랑받는다는 느낌을 주는 것은, 아이가 좋아하는 것을 사주고 아이가 원하는 것을 해주는 방식으로는 이룰 수 없다. 이보다는 날 선 지적이나 비난 같은 마이너스적 요소를 빼주는 것이 먼저다.

나는 상담을 온 부모에게 "판사가 되려고 하지 마세요"라고 자주 이야기한다. 부모는 아이들이 정확하게 자신의 상황을 판단하고 해결하기를 바라는 마음에서 이것은 누가 잘못했고, 어떤 점이 문제이고, 너는 어떻게 해야 하고, 어떤 점을 고쳐야 하는지 하나하나 설명하려 든다. 들어보면 구구절절 틀린 말이 하나도 없다. 그러나 아이들이 바라는 것은 객관적인 옳고 그름을 가려주는 판사가 아니다. 자신의 입장에서 어떤 기분, 어떤 감정, 어떤 생각이 들었는지 공감하고 그 마음을 알아주길 원하는 경우가 오히려 더 많다. 먼저 아이의 말에 공감하고 그 마음을 이해해준 뒤 설명해도 늦지 않지만, 대부분의 부모는 성급한 마음에 결론부터 이야기하고 만다. 이런 과정이 반복되면 어느 순간부터 아이들은 더 이상 부모에게 자기 속마음을 털어놓으려 하지 않는다. 말해봐야 혼나기밖에 더 하겠나 싶어 아예 대화 의지를 잃어버리는 것이다.

아이가 겪는 시행착오는 아이를 한 단계 성장시키는 마중물이다. 만약 지금 아이가 어떤 문제로 괴로워하고 있다면 아이를 믿어주는 것만으로 충분하다. 아이는 부모의 애정과 믿음을 자양분 삼아 자라난다. 우리의 인생은 결코 순탄하지만은 않다. 운이 좋아 학교생활 도중 만나는 어려움을 부모가 나서서 해결해줄 수 있다 하더라도, 어느 날 아이가 자라 성인이 되었을 때 삶의 고난은 마찬가지로 찾아올 수밖에 없다. 그때도 부모가 아이의 모든 문제를 판단하고 해결책을 제시해줄 수 있을까.

아이의 내면에 쌓인 자신감만이 자신의 인생을 개척해나갈 유일한 동력이다. 무엇보다 아이가 모든 일에 시행착오를 겪으면서 스스로 깨우치고 알아가는 시간이 필요하다는 점을 이해해야만 한다. 실패하고 망쳐도 괜찮다. 다시 또 시도하면 되고, 다음번엔 아마도 처음보다 조금은 나을 것이다. 조금 늦어도 괜찮다. 부모의 지속적인 믿음과 응원이 있다면 지금은 느려 보여도 나중에 더 빠른 속도로 달려갈 수 있다.

가족의 갈등에는 다양한 원인이 숨어 있다

자녀를 위해 참고 버티고 기다려주는 부모에게도 힘든 시간은 찾아온다. 부모는 일상에서 매일 크고 작은 일로 아이와 실랑이를 해야만 한다. 책임감 없는 모습, 아침에 느릿느릿 일어나는 모습, 서둘러 처리해야 할 일을 놓치고 대충 하는 모습에 속이 터지고 화가 나기도 할 것이다. 어젯밤에 분명히 "내일부터 잘할게요"라고 다짐을 받아놓았는데, 아침이 되면 그런 각오는 흐지부지해지고, 기대하던 부모의 마음에는 실망이 찾아온다. 그러다 조금만 관여하면 잘할 수 있을 것처럼 보이기에 격려 차원에서 거들기도 하고, 답답한 마음에 화를 내기도 한다. 너무 천불이 나고 속이 터져서 나에게 "이제는 알 만한 나이인데 왜 계속 이러는 걸까요?" 하고 묻는 부모도 많다.

그러나 아이라고 왜 답답하지 않을까. 아이들도 자기 문제를 알고 있다. 알지만 잘 되지 않는 것이다. 그래서 시행착오를 여러 번 겪어야 한다. 그런 과정을 기다려주고 한쪽으로 물러나 가만히 응원하는 것이 부모의 역할이고 사랑이라는 이름으로 행할 수 있는 작고도 큰 선의이다.

가족의 갈등에는 다양한 원인과 이유가 숨어 있다. 그러므로 어느 하나의 해결책이 지상 최대의 방법이라고 단언할 수는 없다. 그러나 가장 강조하고 싶은 것 하나는 있다. 바로 자녀의 모습을 있는 그대로 수용하고 인정하라는 것이다. 많은 부모가 하다 하다 힘들어서 이제 자기 자녀에 관한 문제는 모두 내려놓았다고 말한다. 그러나 가만히 들어보면 실제로 모든 걸 내려놓은 부모는 아무도 없었다. 어떨 때는 이 '내려놓음'이 포기했다거나 내가 졌다는 의미로 자주 쓰이는데, 여기에도 어폐가 있다. 부모와 자녀 사이의 갈등은 누가 이기고 누가 지는 게임이 결코 아니다. 갈등을 해결하는 출발점은 부모가 자녀의 마음과 상황을 이해하고 수용해주는 태도일 뿐이다.

물론 부모로서 세상을 가르쳐주고 좋은 방향성을 제시해주어야 하는 것은 맞다. 이것은 부모의 책임이고 의무이다. 그렇지만 이런 가르침은 강요가 아닌 조언일 뿐이라는 점을 꼭 기억해주었으면 좋겠다. 부모의 조언을 듣고 선택하는 것은 온전히 자녀의 몫이다. 부모의 몫은 자녀의 선택을 존중하고, 지켜보고, 버텨주고, 믿고, 기다려주는 것이다.

부모의 시계와 자녀의 시계는 다르게 흘러간다. 시간대 자체가 다르고 속도도 다르다. 어쩌면 각자 서로 다른 나라에 살고 있다고 해도 과언이 아니다. 그러니 부모의 시계에 아이를 맞추려고 안달복달해서는 안 된다. 서로의 시간대가 다르다는 것을 깨달으면, 얼마든지 기다려줄 수 있고 좀체 화도 나지 않게 된다.

부모가 변하는 순간
아이도 변하기 시작한다

자녀가 바라는 부모의 모습은 의외로 아주 간단하다. 믿고 의지할 수 있는 부모다. 아이들도 알고 있다. 부모가 걱정이 되어서 화를 내고 잔소리를 하고 더 잘되라고 다그치고 지적한다는 것을. 하지만 이것이 화와 잔소리로만 다가온다면 부정적 효과를 불러올 뿐이다. 지적과 핀잔만이 아이를 움직이는 것은 아니다. 든든한 조언은 약간의 태도 변화만으로도 가능해진다. "이번에는 이러이러

했으니 다음에는 이렇게 해보면 어떨까" 하고 상황을 객관적으로 볼 수 있게 돕고, "혹시 너는 어떻게 하면 좋겠니?" 하고 아이 스스로 해결 방안을 찾을 수 있도록 도와주면 좋다.

그러지 않을 것 같지만, 아이들은 고맙게도 생각보다 빨리 변한다. 부모가 자신을 이해하고 수용해준다고 느끼면 변화 속도가 눈으로 따라잡지 못할 정도다. 부모가 변했다는 것을 느끼는 순간, 아이들 또한 변화한다. 상담실에서 만나는 아이들이 내게 이렇게 고백할 때가 있다.

"우리 엄마는 그래도 웬만하면 제가 원하는 걸 들어주려고 하세요."

"우리 아빠는 라떼 같지만 뭔가 부탁하면 츤데레처럼 해주는 편이에요."

이렇게 말하는 아이들의 부모라면 이미 훌륭한 부모라고 이야기해주고 싶다.

자녀들도 부모가 노력하는 모습을 알아주고 고마움을 느낀다. 그러니 모든 상황을 완벽히 이해하고 소통하지 못해도 괜찮다. 그저 변화를 시도하는 노력 그 자체가 중요하다. 고맙게도 그걸 아이들도 알아봐준다. 처음에는 "어디 강의 듣고 왔어?"라고 비아냥대며 힘을 쏙 빼놓을지 몰라도, 이미 마음속에 변화하려는 부모의 노력을 고마워하는 씨앗이 자라나고 있다.

부모가 모든 일을 자기 마음대로 하려고 할 때, 훈계와 비난이 섞인 말을 던질 때, 아이들은 귀를 닫고 마음의 문을 닫는다. 자녀가 현재 처해 있는 상황과 입장을 먼저 공감해주고 그 후 좀 더 객관적으로 이야기를 나눈다면, 가족 간의 갈등을 조금은 더 수월하게 해결할 수 있다. 자녀 역시 부모가 나를 아끼고 사랑해주고 있음을 느끼고 행복한 아이로 자라나게 될 것이다. 부모가 행복해야 자녀가 행복하듯이, 결국 자녀가 행복해야 부모도 행복하다.

아이에게 사랑한다고 말하지 마세요

"널 사랑해!" 이 얼마나 따뜻하고 말랑말랑한 말인가! 사랑한다는 말은 없던 힘도 다시 생기게 하고 각박하기만 한 세상도 아름답게 보이게 하는 마법을 발휘한다. 사랑은 정신적으로 우리를 행복하게 만들어줄 뿐만 아니라 신체의 건강에도 긍정적 영향을 준다. 아마도 사랑의 힘은 세상에서 가장 강력한 에너지 가운데 하나임이 틀림없다. 그러나 나는 아이에게 절대 사랑한다는 말을 하지 말라고 권하고 싶다. 언뜻 생각하면 이상하다. 사소한 말 한마디가 대인 관계에 큰 영향을 주듯 아이와 교감할 때도 자주 사랑한다고 말하는 게 더 좋을 것 같은데, 이런 표현을 하지 말라니……. 대체 무슨 뜻일까?

물론 자녀에게 사랑한다고 말하는 것은 꼭 필요하고도 중요한 일이다. 다만 여기서 내가 강조하고 싶은 것은 좀 다른 의미에서다. 우선 부모라면 아이가 느끼는 사랑이 대체 어떤 것인지 제대로 알아야 할 필요가 있다.

왜 우리 아이는 사랑받는다고 느끼지 못할까

일곱 살 하윤이에게는 자기보다 네 살 어린 여동생 하은이가 있다. 동생 하은이는 둘째 특유의 애교와 귀염성 덕분에 부모의 애정을 듬뿍 받는다. 둘째가 태어나기 전 하윤이는 첫째 아이로서 가족의 관심과 사랑을 독차지하며 성장했다. 그래서 엄마는 혹시라도 하윤이가 상대적으로 동생에게 사랑을 빼앗겼다고 느낄까 봐 하윤이를 살피는 데 더욱 신경을 썼다. 그런데 최근 들어 하윤이는 혼자서 놀다가도 갑자기 이렇게 묻기 일쑤다.

"엄마, 나 사랑해?"

그때마다 엄마는 곧바로 대답해준다.

"엄마는 이 세상에서 하윤이를 제일 사랑하지!"

가끔은 자기 전에 하윤이 옆에 누워서 이렇게 이야기해주기도 한다.

"동생은 아직 애기라서 엄마가 돌봐주는 것뿐이지 하윤이가 엄마의 처음 사랑이고 엄마가 제일 사랑하는 존재야."

그런 말을 하면 하윤이가 왠지 안심하는 듯 느껴지지만, 그래도 하윤이 엄마는 요즘 걱정이 앞선다. 가족 모두가 하윤이에게 애정을 주고 있는데 왜 자꾸만 자기를 사랑하냐고 물어보는지 궁금한 마음도 든다.

세상에서 자기 자녀를 사랑하지 않는 부모는 없을 것이다. 제각기 사랑을 표현하는 방식에 차이가 있을 뿐 모든 부모는 자녀를 사랑하고, 더 나아가 내 아이가 큰 어려움 없이 이 세상을 살아갈 수 있기를 바란다. 내가 겪은 아픔을 겪지 않고 상처를 받지 않길 바라는 마음에서 아이를 위해 많은 희생까지 감내한다. 그럼에도 불구하고 간혹 어떤 아이는 왜 자꾸 부모의 사랑을 확인하려 들고, 유독 심리적으로 불안해하는 것일까?

물론 사랑하는 사람끼리 서로의 사랑을 확인하고 나누는 것은 너무도 자연스럽고 행복한 일임이 틀림없다. 아이들도 부모에게 사랑을 확인하고 사랑을 표현하고 사랑을 나누고 싶어 한다. 그런데 위의 사례에서 하윤이 엄마가 염려하는 마음이 든 까닭은 무엇일까? 아이의 질문이 행복을 만끽하는 사랑의 확인이 아닌, 불안감을 해소하고픈 사랑의 확인이라는 걸 은연중에 느끼고 있기 때문이다.

우리가 연애할 때의 상황을 떠올려보자. 우리는 어떤 상황에서 "자기, 나 사랑해?"라고 묻는 걸까. 확신에 찬 상황에서 자주 물었을까? 아니면 불안한 상황에서 더 자주 물었을까? 간혹 전자인 경우도 있겠지만, 후자인 경우가 훨씬 많을 것이다. 상대가 다른 생각에 빠져 있다고 느낄 때, 나와 함께 있는 시간을 지루해한다고 느낄 때, 다른 것에 더 흥미를 보일 때, 때로는 다른 이성에게 관심이 있다고 느낄 때 우리는 불안한 마음에 자꾸만 상대의 마음을 묻게 되고, 사랑을 확인받고 싶어진다.

아이들도 마찬가지다. 엄마가 동생을 보고 웃을 때, 엄마가 다른 생각을 하며 나를 똑바로 보지 않을 때, 또는 나에게 화를 낼 때, 나의 존재를 거부한다고 느낄 때 불안한 마음이 들어 엄마의 사랑을 되묻게 되는 것이다. 때로는 이것이 다른 형태로 나타나기도 한다. 엄마 등 뒤에서 목에 매달리거나 갑작스레 안겨서 뽀뽀를 하는 등 신체적 불편함을 느끼게 하고, 또는 직접 손으로 엄마 고개를 잡고 돌려 눈을 맞추며 물어보기도 한다. 가끔은 직접적인 시선 교차를 피해 누워서 잠을 자는 시간에 물어보는 아이도 있다.

마음을 담은 비언어적 메시지

사랑의 표현에는 한 가지 방식만 있는 것이 아니다. 직접적으로 "난 너를 사랑해!"라고 말할 수도 있고, 글로 써서 전달할 수도 있으며, 그윽한 눈빛으로 표현할 수도 있다. 사랑하는 마음을 담아 안거나 쓰다듬는 몸짓으로도 가능하다. 우리는 누군가를 사랑하면 자연스레 사랑의 표현을 하게 되고, 그런 표현을 함께 나누며 더욱 돈독한 애정을 키워나간다.

다시 생각해보자. 우리가 연애할 때 가장 행복하다고 느끼는 순간은 언제였을까? 상대가 "너를 이 세상에서 제일 사랑해"라고 말했을 때 가장 행복했을까? 아니면 지치고 힘든 나를 위로하며 안아주었을 때일까? 어느 추운 겨울날, 아무런 말 없이 차가워진 내 손을 붙잡고 자기 주머니에 쏙 넣어주거나, 상처받아 울고 있는 나를 따뜻하게 안아주며 눈물을 닦아주는 순간 우리는 더욱 감동하게 된다. 그리고 이럴 때 전해지는 마음의 메시지를 사랑이라는 이름으로 기억한다. 마찬가지로 아이들도 사랑한다는 직접적인 말보다 마음을 담은 비언어적인 메시지에서 오히려 더 큰 사랑을 느끼고 행복을 경험하게 된다.

'인간 거짓말탐지기'라는 별명으로 불렸던 전직 FBI 요원 조 내버로Joe Navarro는 인간의 커뮤니케이션에 숨은 비밀을 다룬《FBI 행동의 심리학》에서 인간의 행동에는 언어와 비언어적 신호가 있다고 말했다. 우리는 대부분 언어 신호에서 의미를 찾으려 하지만 사실 상대의 마음을 파악하는 열쇠는 비언어적 신호에 들어 있다. 특히 얼굴을 통해 감정이 그대로 드러난다.

만약 부모가 한숨을 쉬고, 노려보고, 미간을 찡그리고, 입술을 깨무는 방식으로 감정을 얼굴에 표현한다면 아이들에게 아무리 사랑한다고 말해도 그 말은 효과가 떨어질 수밖에 없다. 조 내버로는 의사소통 방법 가운데 언어적 표현은 7퍼센트에 불과하며 비언어적 표현이 93퍼센트를 차지할 정도로 중요한 요소임을 강조한다. 다시 말해 아이들이 부모의 애정을 느낄 수 있는 가장 확실한 통로는 바로 비언어적 표현인 것이다.

사소한 비언어적 표현의 강력한 힘

앞서 이야기한 하윤이는 가족이 많은 애정을 주며 신경을 써주는 상황인데도 애정 결핍을 느낀다. 엄마가 동생의 기저귀를 갈아줄 때 "아이구, 시원하지?"라고 말하며 후~ 불어주는 모습을 보면, 엄마가 나보다 동생을 사랑하고 있구나 싶다. 엄마는 종종 자기 수학 숙제를 도와주다 한숨을 쉬곤 하는데, 동생이 엄마 곁으로 토끼 장난감을 들고 오면 "응~, 우리 애기, 토끼 인형 놀이 하고 싶었어?"라며 환한 눈빛을 보낸다. 하윤이 엄마는 느끼지 못하지만 동생에게 이야기할 때는 늘 입꼬리가 올라가면서 고개를 끄덕거린다. 그런 엄마의 모습을 옆에서 지켜본 하윤이는 상처받은 마음에 자꾸만 "엄마, 나 사랑해?"라고 물어볼 수밖에 없는 것이다.

비언어적 표현이란 대개 몸짓과 표정을 말한다. 우리 인간은 문화나 언어에 상관없이 얼굴과 신체 동작을 통해 다양한 감정을 드러낸다. 실제로 언어가 통하지 않는 외국인과 몸짓과 표정만으로 공감해본 경험이 한 번쯤은 있을 것이다. 서로의 진실한 감정을 나누는 애정 표현의 경우는 더욱 그러하다. 진정한 사랑이란 아무리 감추려 해도 눈빛과 표정에서 겉으로 드러나기 마련이다. 이에 비해 입을 통해 언어로 표현하는 '사랑한다'는 말은 생각보다 큰 효과가 없다. 사랑한다는 말 자체보다 더 중요한 것이 바로 눈빛과 표정인 셈이다.

아이들이 느끼는 사랑은 눈빛 속에서 그리고 엄마의 웃음 속에서 비로소 진정한 실체를 구현한다. 사실 이것은 부모 자녀만의 문제는 아니다. 우리는 연인이나 부부 등 모든 대인 관계에서 말로 하는 애정 표현보다는 작지만 진정성 있는 비언어적 표현을 통해 진한 감동을 받고 진실한 사랑을 느끼게 된다. 특히 진심에서 우러나오는 리액션을 해줄 때 사람들은 마음을 열고 자신을 곧잘 표현한다.

아이들에게 해줄 수 있는 의미 있는 리액션은 그리 대단한 것이 아니다. 하윤이 엄마가 동생 하은이에게 해주었던 것처럼 미소와 함께 고개를 끄덕여주는 것, 후~ 하고 시원한 바람을 불어주는 것, 굳이 말로 꺼내지 않았던 내 속마음을 알아주는 것 같은 사소한 몸짓이다. 이처럼 긍정적인 반응을 해줄 때 아이들은 내가 진짜 사랑받고 있다는 느낌을 경험한다.

가장 중요한 것은 마이너스적인 요소 빼기

비언어적인 격려와 지지, 수용의 표현은 사랑받고 싶은 아이들의 요구를 채워주는 훌륭한 요소이다. 하지만 이런 것보다 먼저 진행되어야 하는 것이 있다면, 바로 아이들이 싫어하는 '마이너스적인 요소'를 빼는 것이다. 대개 상담을 하러 온 부모들은 자신이 무언가를 못 했기 때문에, 뭔가 놓치고 있는 부분을 파악해서 하나라도 더 해야 한다고 생각하기 마련이다. 그러나 나는 그런 부모에게 뭔가를 더하려 하지 말고 빼기를 먼저 하라고 강조한다.

아이들은 지적하고 비난하고 화를 내고 한숨 쉬는 부모의 모습에서 불안을 느끼고 스스로를 가치 없는 사람이라고 평가한다. 미안한 마음에 좋아하는 장난감을 사주고 내 마음이 편할 때 '사랑한다' '애정한다' 말해주기보다는, 아이가 기대에 못 미쳤을 때라도 비난하고 화를 내는 부모가 아니라 기다려주고 포용해주는 부모가 되어야 한다. 하윤이 엄마를 예로 들면, 하윤이와 공부하면서 "숙제 다 했어?" "문제 다 풀었어?" 하고 물으며 인상을 찌푸리고 한숨 쉬는 모습, "하윤아! 아휴~ 이게 뭐야"라고 지적하고 답답해하는 모습을 빼는 게 먼저 이루어져야 한다는 뜻이다.

만약 어떤 그림을 색칠하기 위해 새 색연필을 꺼내 오는 아이에게 "(고개를 끄덕이며) 그래, 그걸로 해"라고 했다면 아이는 새로운 색연필로 색칠하는 행동을 허락받았다고 느낄 것이다. 하지만 "(아이를 노려보는 눈빛으로) 그래, 그걸로 해"라고 한다거나 "(지쳤다는 듯 고개를 흔들며) 아휴, 그걸로 해"라고 한다면 느낌은 전혀 달라진다. 결국 새 색연필로 색을 칠하는 결과는 같을지 몰라도 아이들이 느끼는 비언어적인 감정은 완전히 다르며, 부정적인 느낌은 긍정적 느낌과 달리 자존감을 심하게 깎아내린다.

"잘했어!"는 일반적으로 칭찬할 때 쓰는 말이다. 특히 "(머리를 쓰다듬으며) 잘했네"라고 칭찬해준다면 아이는 뿌듯한 마음이 들고 자기가 부모의 사랑을 받고 있다는 충족감에 행복해할 것이다. 하지만 "(눈을 옆으로 흘기며) 잘~한다"라고 표현한다면 분명히 다른 느낌을 받을 수밖에 없다. 심지어 굳이 말을 하지 않고 위의 비언어적 내용만 전달한다고 해도, 아이는 머리를 쓰다듬은 부모가 애정을 주고 있음을, 눈을 흘기는 부모가 비난과 지적을 하고 있음을 정확히 구별할 수 있다.

사랑한다면 상대가 싫어하는 것을 하지 않는 것. 이것이야말로 진정한 애정 표현의 시작임을 기억하자. 아이에게 사랑한다고 말하기 전에 아이가 싫어하는 비언어적 표현을 줄이고, 그런 다음 긍정의 리액션을 듬뿍 담은 애정 표현을 아낌없이 해주자.

우리 아이가 애정 결핍이라고요?

상담 도중 부모에게 "아이가 애정 결핍이네요"라고 말하면 대부분 깜짝 놀라 눈이 커다래진다. 그도 그럴 것이 아이를 위해 아낌없이 모든 걸 다 해주고 있다고 생각했는데 애정 결핍이라니, 쉽사리 이해되지 않는 것이다.

애정 결핍은 충분한 애착 관계를 형성해야 하는 시기에 사랑받고 싶은 욕구를 충족하지 못하는 경우 발생한다. '호통 판사'로도 유명한 천종호 판사는 "가정 해체와 애착 손상이 소년범죄의 큰 원인일 수 있다"라고 이야기했다. 그러니까 거꾸로 말해, 애정을 주고받는 건강한 관계를 형성하면 정서적 결핍이 원인이 된 범죄나 기타 사고가 일어나지 않을 수 있다는 뜻이다. 그만큼 애정과 관련된 이슈는 아이들의 삶에 큰 영향을 주는 중요한 요인이다.

실제로 애정 결핍을 느끼는 아이들은 다양한 문제 행동을 보인다. 어린아이의 경우 손가락이나 옷을 빤다거나 자위 행동을 하고, 잠을 잘 자지 못하거나 쉽게 잠에서 깬다. 하루 동안 받은 강한 스트레스로 인해 깊은 잠을 이루지 못하기 때문이다. (이런 경우 부모가 애정 어린 스킨십을 반복하면 애정호르몬인 옥시토신이 분비되어서 마음을 안정시키는 효과를 줄 수 있다.) 좀 더 큰 아이들의 경우는 손톱을 물어뜯거나 산만해지고, 감정 표현이 서툴러진다.

어떤 아이는 거짓말을 일삼기도 한다. 그럴듯한 거짓말을 하면 나에게 관심이 없던 선생님과 친구, 부모님이 "정말? 그래서 어떻게 됐는데"라며 즉각적인 반응을 보인다. 아이는 그 순간의 충족감에 휩싸여 거짓말이 나쁘다고 생각하지 않고, 어서 빨리 관심을 받고 싶은 마음에 더욱 자주 거짓말을 하게 된다. 작은 거짓말이든 큰 거짓말이든, 거짓말을 하면 상대의 집중도나 호응도가 좋아졌다고 느끼기 때문에 이를 반복하는 것이다.

부모의 관심에 목마른 아이

애정 결핍은 어떻게 해서 이런 문제를 야기하는 것일까? 놀랍게도 이러한 행동을 하는 이유는 단지 부모의 관심을 받고 싶기 때문이다. 그렇다면 칭찬받을 행동을 하면 바로 애정을 줄 텐데 왜 이렇게 혼나는 상황을 자초하는지 의문이 들 것이다. 이것은 아이들의 입장에서 생각해보면 매우 쉽게 이해할 수 있다. 부모가 원하는 행동을 해서 칭찬을 받는 것은 어릴 때는 비교적 수월하다. 물컵을 하나 꺼내 와도, 신발을 가지런히 벗어놓아도, 도화지에 숫자 하나를 써도, 간판에 쓰인 단어 하나를 읽어도 폭풍 칭찬이 쏟아진다. 그런데 조금씩 성장할수록 부모에게 칭찬받을 만한 결과물을 만들어내는 데 많은 시간과 노력이 든다. 보상을 얻기까지 점점 더 힘이 들고 수행하기가 훨씬 어려워지는 것이다.

그러다 아이가 어느 날 잘못을 해서 부모에게 꾸중을 들을 때, 칭찬을 받는 것과 비슷하게 순간적으로 부모의 에너지와 관심이 자신에게 집중됨을 느낀다. 아이는 그때의 충족감에 중독되어 나중에 혼이 나는 상황이 오더라도 돌발 행동을 감행하는 것이다.

물론 아이들이 이 상황을 이성적으로 생각하는 것은 아니다. 다만 애정을 받는 게 어려워 본능적으로 관심을 갈구하다 보니 나오는 행동이지, 혼이 나고 싶어서 일부러 하는 건 결코 아니다. 애정 결핍으로 문제 행동을 일삼는 아이를 대할 때는 이 점을 반드시 기억해야 한다.

예를 들어 엄마가 동생에게 분유를 먹이며 "아구아구, 우리 애기 맛있게 잘 먹었어요?" 하며 칭찬하고 동생에게만 사랑을 주는 듯한 모습을 보이면 옆에 있던 큰아이는 심통이 난다. 만약 그림을 그리고 있다면 곧바로 "색칠이 잘 안되네" "색연필이 안 나와" 등등의 이유를 대며 짜증을 내고 색연필을 집어던지며 엄마의 심기를 건드린다. 이럴 때는 "엄마가 던지지 말라고 했지?"라며 혼을 내기보다는 "이리 와봐. 엄마가 한번 보자"라든가 "던지지 말고 이리 가지고 와봐. 같이 살펴보자"라고 하면서 아이의 마음을 보살펴주자. 처음엔 관심을 끌었기 때문에 짜증과 화를 더 낼지 몰라도, 점차 문제 행동이 완화하는 모습을 발견할 수 있을 것이다.

물론 부모 입장에서는 아이가 시키는 대로 예쁘게만 행동해주면 좋을 텐데 왜 꼭 지난번에 혼이 났던 걸 그대로 반복해서 화가 나게 만들고, 결국은 좋지 못한 기분으로 마무리하는지 답답한 마음도 들 것이다. 그래서 가끔 이렇게 다그친다.

"너 혼나고 싶어서 그러지? 응? 너는 엄마가 기분 좋게 있는 꼴을 못 보더라. 꼭 엄마가 화를 내야 그만두겠어?"

하지만 아이의 돌발 행동에 짜증이 날수록 이것이 아이가 자신의 마음에 결핍이 느껴지는 순간 즉각적인 관심과 애정을 충족하기 위해 보이는 모습일 뿐이라는 점을 기억하자. 다시 한 번 말하지만 혼이 나고 싶은 아이는 아무도 없다. 단지 부모가 자신을 혼낼 때 보이는 에너지와 관심, 집중의 강도만큼이 깃든 애정을 갈구하고 있을 뿐이다.

이유 없이 물건을 훔치는 아이

초등학생인 민수는 방과 후 문구점에 들러 캐릭터 상품을 구경하고 문구류 쇼핑하길 좋아한다. 귀여운 캐릭터가 있는 지우개나 스티커를 사 모으거나 친구들과 바꾸는 등 일종의 놀이처럼 하고 있어서 집에서도 크게 신경 쓰지 않고 문구점에 다니는 것을 허용하고 있었다.
그러던 어느 날 문구점 사장님에게 전화가 걸려왔다. 민수가 문구점에서 필통을 계산하지 않은 채 그냥 들고 밖으로 나갔다는 것이다. 민수 엄마는 한편으로 부끄럽기도 하고 한편으로 아이가 이제 세상물정을 모르는 나이도 아닌데 도둑질을 했다는 생각에 화가 났다.
잠시 후 아이가 집에 들어왔을 때 가방 안을 살펴보니 필통은 보이지 않았다. 필통을 어떻게 했는지 물어보자 민수는 처음엔 발뺌을 하다가 결국 된통 혼이 나고 나서야 집에 돌아오는 길에 아파트 난간에 두고 왔다고 이야기했다.
사용할 마음도 없으면서 민수는 왜 필통을 훔친 걸까? 필통이 없는 것도 아니고, 용돈도 넉넉히 주는데 말이다. 민수 엄마는 혼이 난 뒤 풀이 죽은 채 잠든 아이를 보며 대체 어디서부터 잘못된 것인지 답답한 마음만 들었다.

부모가 '이건 더 이상 봐줄 수 없어!'라는 마음으로 상담실에 찾아오는 문제가 있다면 바로 아이의 도둑질이다. 당연히 사회적 규범에 어긋나는 특수한 문제 행동이기 때문이다. 그래서 부모도 상당히 놀라고 충격을 받을 수밖에 없다.

아이들의 도둑질은 애정 결핍에 따른 심각한 문제 행동이다. 특히 전혀 필요하지 않고 의미도 없는 상황에서 순간적인 감정만으로 물건을 가지고 오는 경우가 그렇다. 민수 역시 전혀 필요 없는 필통을 가지고 나왔고, 필요가 없으니 버리고 집에 들어왔다. 오직 순간적으로 그 필통을 간절하게 갖고 싶은 충동을 느꼈을 뿐이다. 애정 결핍인 아이들은 자신의 욕구가 충족되지 않을 때 커다란 결핍감을 느낀다. 내 안의 욕구를 빠르게 충족하고 싶은 간절함과 열망, 갈급함이 아이를 부추기고, 그중 가장 간단한 해소 방법으로 도둑질을 선택하는 것이다.

여기서 하나 더 살펴볼 것이 바로 '자기 통제력'이다. 아이들은 자신의 욕구를 조절하고 지연시켜 참는 것을 부모를 통해 배운다. 그런데 도둑질을 하는 아이의 경우에는 가정에서 부모가 평소 감정을 적절히 조절하는 모습을 보여주지 못했을 확률이 높다. 특히 체벌이 문제가 된다. 내가 상담을 시작한 지 얼마 되지 않았을 때 놀랐던 것은, 도둑질 문제로 상담을 온 거의 모든 아이들이 체벌을 경험하고 있다는 사실이었다. 물론 도둑질은 사회적으로 문제시되는 행동이기에 그런 일이 반복되면 부모로서 걱정되는 마음에 체벌을 했을 것이다. 하지만 아이들 입장에서는 부모가 화를 내고 폭발하는 모습이 도리어 자기 통제력을 키우지 못하게 하는 요소가 되고, 그래서 욕구가 생겨났을 때 참지 못하고 눈앞의 물건을 가지고 오는 행동을 반복한다.

나는 부모에게 아이의 문제 행동은 아이가 부모에게 보내오는 신호라고 강조한다. 만약 부모가 하지 말라고 거듭 이야기한 행동을 할 때는 당장 혼을 내기보다는 '우리 아이가 관심을 받고 싶구나' 하고 이해하고 바라보아야 한다. 반복된 애정 결핍 신호는 그런 면에서 보면 부모를 향한 아이의 간절한 호소인 셈이다.

민수의 경우는 엄마 아빠와 정서적 교감이 부족했고, 성적에 대한 스트레스가 컸다. 애정 결핍은 당연히 뒤따라오는 수순이었다. 용돈은 넉넉히 받았지만 아이에게 필요한 건 돈이 아니라 부모의 따뜻한 관심과 말이었다. 민수는 그 결핍감을 빠르게 충족하고 싶은 욕망에 사로잡혀 필통을 훔쳤던 것이다.

또래 관계를 힘들어하는 아이

수연이는 중학생이 되면서 친구 관계에 더 예민해지고 집착이 심해졌다. 무엇보다 초등학생 때는 또래 동성 친구들과 잘 지냈는데, 지금은 이성 친구나 오빠들과의 만남에 신경을 많이 쓰고 빈도도 예전보다 훨씬 높아졌다.

수연이 엄마는 수연이가 아직 어린 나이인데 이성 친구들과 지나치게 자주 어울려 노는 것은 아닌지 염려가 된다. 엄마가 적극적으로 간섭하면서 둘 사이에 큰소리와 다툼이 오가는 바람에 걱정도 커졌다. 수연이가 동성 친구들과도 적절하게 관계를 잘 맺어가며 지내기를 바라는데 이야기만 하면 싸움이 되니 어떻게 도와주어야 할지 몰라 초조함만 쌓이고 있다.

사람의 지문이 다르듯, 이 세상에 모든 면에서 똑같은 아이란 없다. 어떤 관계에서 주고받는 애정이 충분한지 부족한지를 가늠하는 것은 결국 아이에 따라 달라진다. 그러나 누구든 결핍을 느끼는 순간 빠르게 충족감을 느끼고 싶어 하는 것은 당연하다. 욕구가 충족되지 않을 때 아이는 필요에 따라 자기에게 맞는 다양한 방법을 찾게 된다.

수연이가 중학생이 되면서 동성 친구들과 관계가 소원해진 이유는 무엇일까. 사춘기에 접어들자 이성 친구들의 반응이 동성 친구들에게서 나오는 반응보다 더 자극적이고 강력했기 때문이다. 여기에 더해 이성 친구들 중에서도 새로운 친구, 혹은 자기를 더 적극적으로 궁금해하는 이성 친구에게서 가장 빠른 충족감을 얻을 수 있기에 더욱 마음이 끌린 것이다.

애정 결핍 상황에 놓이면 실제로 나에게 더 많은 관심과 더 많은 에너지를 주는 사람에게 마음이 갈 수밖에 없다. 아이가 또래 관계를 회복하고 건강한 상호 관계를 맺기 위해서는 무엇보다 가정 안에서 애정 욕구를 채우고 안정감을 찾아야 한다. 사회적으로 균형 잡힌 관계를 만들고 유지하려면 가정에서 부모 형제와 맺는 건강한 관계가 필수인 까닭이다. 그러나 수연이는 그게 불가능했다. 수연이에게는 네 살 위 오빠가 있었는데, 수연이에 비해 공부를 잘하다 보니 부모의 모든 관심과 애정이 오빠에게 쏠리면서 수연이는 어릴 적부터 상대적인 결핍감을 느껴온 터였다. 부모의 애정을 확인하는 게 어려웠던 수연이는 자기에게 관심을 보이는 친구들에게 마음을 빼앗기고, 갈수록 또래 관계에 집착하는 아이가 되었다.

다행히도 몇 차례의 상담이 진행되자 부모님은 수연이의 결핍감을 인정하고, 이후 수연이와 대화를 나누기 위해 많은 노력을 기울였다. 처음에는 당연히 수연이의 마음이 쉽게 열리지 않아 진전이 없었지만, 진심을 담은 말과 행동에 수연이의 마음도 조금씩 움직였다. 부모도 마찬가지겠지만, 어떠한 아이도 자기 부모와 일부러 나쁜 관계를 맺고 싶어 하지 않는다. 상처받고 서운해진 아이들이 부모와 대화하기를 거절하고 때로는 분노를 터뜨리며 관계를 단절하겠다고 선언하는 경우도 있지만, 결국 부모로서 변함없는 애정을 표현하다 보면 아이도 마음을 열게 되어 있다. 자녀의 관심사나 자녀가 부모와 나누고 싶어 하는 대화 주제를 그냥 넘기지 않고 진지하게 관심을 표현한다면 자녀는 언젠가 그러한 부모의 변화에 반응한다. 수연이의 부모는 수연이가 친구 관계에 관심이 많다는 걸 놓치지 않았고, 자연스레 친구들에 대한 이야기를 화제로 대화를 나누면서 점차 믿음을 회복할 수 있었다.

애정은 결국 존중이다

부모로서는 자기 젊음을 다 바쳐 아이들을 위해 살았는데 막상 우리 아이가 애정 결핍을 겪고 있다고 하면 배신감이 들 정도로 당황스럽고 허무하게 느껴질 수도 있다. 하지만 그렇다고 무작정 실망하기보다는 그동안 쏟은 애정이 단지 내가 주고 싶었던 애정은 아니었는지 차분히 살펴볼 일이다.

아이가 받고 싶은 애정은 무엇일까. 어릴 때 부모 본인이 그렇게도 갖고 싶었던 장난감을 아이에게 사주고, 오늘은 모처럼 시간이 나니까 그동안 못 놀아준 것을 한꺼번에 놀아주고, 부모가 평소 가고 싶었던 여행지에 아이를 같이 데리고 가서 맛있는 음식을 함께 먹으며 즐겁게 지내는 데에는 언뜻 문제가 없어 보인다. 그러나 아이 입장에서는 부모가 원하는 것만 사야 하고, 부모가 원하는 때만 놀아야 하고, 부모가 원하는 곳만 가야 하는, 짐짓 내키지 않는 일이 될 수 있다. 이뿐만 아니다. 종종 많은 가정에서 애정으로 포장된 간섭이나 강요도 많이 찾아볼 수 있다. 그런 경우 아이는 부모의 제안을 받아들여야만 애정을 받을 수 있다고 여긴다. 그 결과, 남는 것은 결핍이라는 감정뿐이다.

아이들이 원하는 것은 생각보다 단순하고 간단하다. 함께 놀아주는 것, 대화를 끝까지 들어주는 것, 무시하거나 비난하는 말을 하지 않는 것이다. 이럴 때 아이들은 사랑받고 있다고 느낀다. 아이가 원할 때마다 함께 놀 수는 없겠지만 짬짬이 시간을 내서 놀고, 아무리 두서없는 이야기라도 존중하는 마음으로 들어주고, 여의치 않을 때는 내일 혹은 다른 날 다시 들어주기로 약속하고 그 약속을 지킨다면, 아이는 자기가 부모에게 존중과 애정을 받고 있다는 확신을 갖는다. 존중이 바탕이 되는 가족관계는 사춘기도 별문제 없이 통과할 수 있는 보너스까지 준다.

부모가 내 마음은 전혀 읽어주지 않고, 이해보다 비난을 먼저 쏟아낼 때, 아이는 충분한 애정을 받지 못하고 있다는 마음이 든다. 자녀가 사랑을 표현하고 주고받는 과정에서 결핍을 경험하고 있다면 표현 방법을 바꾸어야 한다. 어리거나 작다고 무시하고, 내 자녀라고 해서 부모 본인이 주고 싶은 대로 주는 애정이 아니라, 아이가 원하는 방식을 찾아서 따뜻하게 표현해주자.

부모가 모르는 아이의 마음

상담실에 찾아오는 부모 중에서 대뜸 "TV에 나왔던 그 검사 해주세요"라고 요청하는 경우가 종종 있다. 요즈음 TV 예능 프로그램 중에 관찰 카메라 형식으로 연예인 자녀들의 일상을 공개하면서 심리 검사와 상담을 받는 장면이 종종 방송을 통해 노출되는 까닭이다. 아이를 키우는 부모 입장에서는 당연히 공감도 되고 문제점도 명확히 보여 재미가 있고, 전문가로 등장하는 사람들이 과연 어떤 솔루션을 줄지 기대되고 또 궁금해진다.

사실 TV로 보는 다른 가족의 모습은 굳이 연예인이 등장하지 않더라도 재미있다. 게다가 시청자 관점에서 방송을 보게 되므로 관찰 대상을 비교적 쉽게 객관화할 수 있다. "저 집은 저게 문제

네" 혹은 "저건 부모가 잘못했어" 하며 아이의 행동이나 부모의 모습에서 어렵지 않게 문제점을 발견하며 훈수를 두는 이유이다. 물론 때로는 별거 아니라 여기고 간과했던 부분이 문제 행동의 원인이 되는 반전 상황에 놀라움을 금하지 못하기도 한다. 그럴 때면 내가 무심결에 하고 있는 행동과 표현이 혹시 아이에게 좋지 않은 영향을 주고 있는 건 아닌지 걱정도 되고, 우리 아이의 기질과 나의 양육 태도를 객관적으로 평가받고 싶다는 마음도 생긴다.

아이를 위해 최선을 다하고 싶어 하지 않는 부모는 없다. 그래서 꽤 많은 부모가 검사를 신청한다. TV에 나오는 육아 프로그램이나 상담 현장에서 가장 많이 진행하는 기본적인 검사 중 하나가 바로 아이의 기질 검사TCI: Temperament Character Inventory이다. (좀 더 자세한 설명은 51쪽을 참고.)

기질 검사의 정확한 명칭은 기질 및 성격 검사로, 이름 그대로 기질과 성격 두 가지 영역에 걸쳐 검사를 진행하는 것이다. 좀 더 상세히는 선천적인 네 가지 기질 차원(자극 추구, 위험 회피, 사회적 민감성, 인내력)과, 후천적인 세 가지 성격 차원(자율성, 연대감, 자기초월)으로 나뉜다. 여기서 기질은 부모에게 물려받은 기본적인 유전적 특성이고, 성격은 기질을 바탕으로 환경적인 부분이 더해져서 만들어진다. 기질은 변하지 않는 타고난 것이지만 성격은 환경에 따라 조금씩 변화한다. 즉 만약 기질에서 부족한 부분이 있다면 성격으로 보완하며 살아가도록 도울 수 있는 것이다. 물론 성격은 기질을 바탕으로 하기에 완전히 다른 인격으로 변화시킬 수는 없는 노릇이다. 하지만 일정 부분 환경을 바꿔주면 충분히 긍정적 효과를 기대할 수 있다.

기질에 따라 다른 아이의 모습

검사에서 살펴보는 네 가지 기질 중 자극 추구 성향이 높은 아이들은 새로운 일에 쉽게 흥미를 갖고 뛰어드는 한편, 다소 성미가 급하고 쉽게 지루함을 느낀다. 이와 반대로 위험 회피 성향이 높은 아이들은 조심성이 많고 세심하다. 기질상 자극 추구 성향이 높고 위험 회피 성향이 낮은 아이라면 궁금한 것은 많고 조심성이 없기에 무엇이든 생각나면 바로 행동으로 실행하는 편이다. 그래서 부모가 가장 키우기 힘든 아이가 된다. 반면 자극 추구 성향과 위험 회피 성향이 모두 높으면 속으로 궁금하기는 하지만 걱정이 되어서 무언가를 스스로 실행하기 어렵다. 그래서 엄마나 아빠에게 자기가 해야 할 일을 대신 해달라고 하는 모습을 자주 보인다.

예전에 소미와 소담이 쌍둥이 자매를 둔 엄마가 상담실에 찾아온 적이 있었다. 엄마는 아이들이 초등학교에 들어갈 때 특별히 자매를 같은 반에 넣어달라고 부탁했다고 말했다. 소미가 소심하고 낯을 가리므로 씩씩한 소담이가 곁에서 함께 있어주면 도움이 될 것 같다고 생각했기 때문이다. 하지만 소담이는 소미를 잘 챙기지 못했고, 매사 장난기가 심해 선생님께 혼이 나기 일쑤였다. 오히려 그 때문에 소미까지 덩달아 혼이 날 때도 있었다.

문제를 해결하기 위해 상담 센터를 찾고 검사를 진행한 소미 소담이 엄마는 두 아이의 기질이 다르며, 그에 따라 아이를 키우는 양육 태도도 달라야 한다는 것을 알게 되었다. 위험 회피 기질이 높은 소미는 새로운 것을 접할 때 설명도 많이 해주고 단계별로 경험시켜주어야 하는 반면, 자극 추구 기질이 높은 소담이는 자꾸 새로운 것을 시도하려는 성향이라 장황한 설명을 늘어놓기보다는 위험 요소를 잘 가려서 도전해볼 수 있도록 지지해줘야 했던 것이다. 두 아이에게 항상 공평하고 똑같이만 대하려 한 엄마는 아이들마다 기질이 다르며, 원하는 것과 해주어야 하는 것도 다르다는 사실을 알고 처음엔 당황스러워했다. 하지만 점차 자매의 기질에 맞게 양육 태도를 바꾸었고, 그러자 자매의 관계에도 긍정적인 변화가 일어났다. 두 아이가 서로를 인정하고 받아들이면서, 한 아이가 다른 아이를 일방적으로 보호하고 챙겨주는 식이 아니라 서로 배려하고 돕는 형태로 발전한 것이다.

이것 말고도 부모가 아이의 기질에 따라 양육 태도를 달리해야 할 부분이 많다. 위의 사례에서 살펴본 것처럼 같은 부모 밑에 태어난 아이라도 기질이 다르면 각자의 성향도 다르기 때문이다. 예를 들어 사회적 민감성이 높은 아이들은 애정이 많고 헌신적이지만 때로는 타인의 말에 쉽게 휘둘린다. 반대로, 사회적 민감성이 낮으면 혼자서 노는 것이 편하고, 때로는 반드시 혼자만의 시간이 필요하다. 또 인내력이 높은 아이들은 끈기가 있으며 실패에 굴하지 않고 도전을 계속한다. 그러나 완벽주의를 추구하다가 자신을 지나치게 혹사할 가능성도 있다. (완벽주의는 뒤에서 좀 더 자세히 설명할 테지만 환경이 만들어내는 부분이 크게 작용한다.)

일반적으로 기질과 성격을 포함하여 '인성'이라고 부른다. 보통 우리가 어떤 사람을 평가할 때 '인성이 좋다' 혹은 '인성이 나쁘다'라고 표현하는데, 사실 인성은 기질과 성격이 한데 모여 만들어진 것이므로 인성이 좋은 아이로 키우고 싶다면 환경적인 부분까지 신경 써야 한다.

기질과 성격을 파악함으로써 얻을 수 있는 도움은 무척 크고 유용하다. 기본적으로 서로 다른 기질의 특징을 이해하는 것만으로도 아이에게 알맞은 양육 방식을 찾아내는 데 도움이 됨은 두말할 나위가 없다. 기질은 바꿀 수 없지만 그에 맞는 양육 방식은 존재한다. 내 아이의 기질을 파악하고 적절하게 대처한다면 아이와 신뢰 관계를 형성하는 데 큰 힘이 되어준다.

이 검사는 이 밖에도 여러 면에서 도움이 된다. 아이의 기질을 알면 종종 아이와 부딪히는 상황에서 화를 내거나 섣불리 오해하기보다는 문제의 원인을 짐작할 수 있고, 그래서 적절한 반응과 태도로 아이를 대하게 된다. 요즘 MBTI로 자기 자신과 상대방의 관계를 이해하려는 시도가 유행처럼 번지고 있는데, 이것도 마찬가지 이유라고 볼 수 있다. 무엇이 옳고 무엇이 그르냐의 문제가 아니다. 각자의 다름을 인정하고 서로 이해하려 노력하는 것이 관계 개선의 출발점이 될 뿐이다.

맞춤 육아를 위한
우리 아이 기질 검사

기질 검사를 진행할 때는 자극 추구, 위험 회피, 사회적 민감성, 인내력 등 네 가지를 우선적으로 분석하게 된다.

1 자극 추구

자극 추구 척도에서는 호기심의 정도, 절제력, 충동성, 자유분방함 등을 살펴볼 수 있다. 자극 추구 성향이 높으면 아이의 머릿속은 항상 바쁘다. 궁금한 것도 많고 하고 싶은 것도 많아서, 부모가 볼 때는 아이가 좀체 안정적으로 보이지 않는다. 또 자극 추구가 높은 아이는 에너지가 많아 부모를 지치게 한다. 그래서 혼을 내거나 간섭을 많이 할 수밖에 없는 상황에 처한다. 절제력과 반대되는 충동성은 감정의 충동성을 뜻하는데, 아이가 자기 뜻대로 일이 풀리지 않을 때 갑작스레 울어버리거나 버럭 화를 내기도 한다.

2 위험 회피

기질의 영역 중 위험 회피 성향은 불안감, 두려움, 수줍음, 활기 등의 측면에서 살펴볼 수 있다. 예를 들어 불안감 중에서 자신에게 어떤 상황이 다가온다고 생각되는 경우 생기는 예기불안이 높으면 아직 일어나지 않은 일을 하나하나 걱정하므로 스트레스에 좀 더 취약한 상태라고 보면 된다. 일반적으로 두려움과 수줍음이 많은 아이들은 새로운 사람이나 낯선 환경에 노출되었을 때 조심성이 많은 아이로 비친다.

3 사회적 민감성

사회적 민감성은 감수성, 정서적 개방성, 친밀감, 의존성 등의 영역으로 나누어 살펴볼 수 있다. 정서적 관계를 좋아하는 아이는 주변인과 같이 하는 활동이나 놀이를 선호한다. 그래서 엄마와 같이 만들기를 하고 아빠와 같이 소꿉놀이를 해야 한다. 친구들과 함께 어울려 놀아야 즐겁고, 혼자서 노는 것은 놀았다고 치지도 않는다. 이와 달리 사회적 민감성이 낮은 아이들은 오히려 혼자서 노는 것이 편하고, 때로는 혼자 있는 시간을 확보해야 한다. 누군가와 무엇을 같이 한다는 것은 에너지를 쏟는 일이다. 그러므로 혼자만의 시간을 가짐으로써 휴식과 충전을 해야 하는 것이다.

4 인내력

기질에서의 인내력은 한두 번의 보상이 있거나, 또는 어떤 보상이 주어지지 않아도 참고 해낼 수 있는 힘을 말한다. 끈기, 근면, 성취에 대한 야망은 종종 완벽주의적 모습으로 나타나는데, 여기서 말하는 완벽주의는 우리가 알고 있는 일반적인 완벽주의를 말하는 게 아니라 잘해내고 싶은 욕구 정도로 생각하면 된다.

맞춤 육아를 위한
우리 아이 성격 검사

성격의 하위 영역에는 자율성, 연대감, 자기초월 등이 있다.

1 자율성

자율성은 자신을 통제하는 힘으로서, 책임감과 목적의식, 유능감, 자기수용, 자기일치의 측면에서 살펴볼 수 있다. 기질적으로 인내력이 조금 부족하다 하더라도 자율성을 키우면 학업이나 하고자 하는 목표를 세워 정진해나갈 수 있다.

2 연대감

연대감은 타인 수용, 공감, 이타심, 관대함, 공평성 등의 측면에서 살펴볼 수 있다. 무엇보다 사회에서 남과 더불어 살아가기 위해서는 연대감이 매우 중요하다. 특히 배려와 공감은 이 시대가 요구하는 중요한 능력이다. 그러나 안타깝게도 심리 검사를 해보면 대부분의 아이들이 연대감이 매우 낮은 것을 볼 수 있다. 다행히 연대감은 성격에 속하는 속성이므로 부모의 양육 방식에 따라 충분히 키울 수 있다.

3 자기초월

자기초월은 자의식, 우주 만물과의 일체감, 영성 수용 등을 살펴보는 영역으로서, 자신의 성공과 실패를 어떻게 받아들이는지, 또 주변에서 일어나는 상황을 어떻게 바라보는지에서 드러난다.

특히 경험적인 부분을 중요하게 여기는지, 영적인 존재를 믿는지에 따라 아이를 양육하는 방법이 달라져야 한다. 경험치가 중요한 아이들에겐 상대의 마음이 어땠을지 생각해보라고 무작정 강요하기보다는 스스로 경험한 일이나 상황처럼 가정해 설명하면서 충분히 이해시키는 과정이 필요하다.

나는 과연 어떤 부모일까

아이를 키우다 보면 내가 하고 있는 행동이나 말이 아이에게 어떤 영향을 주는지 궁금할 때가 많다. 아이를 위해 최선을 다하고 있다고 생각하면서도 가끔은 너무 많은 것을 해주어서 자립심을 해치는 것은 아닌지, 또는 매사 너무 부모의 기분에 좌우되어 흘러가고 있는 것은 아닌지 고민이 되기 마련이다.

사실 아이의 성격을 형성하는 환경에는 물리적인 조건 외에도 다양한 요소가 작용한다. 이것은 굳이 말하지 않아도 많은 사람이 공감하는 내용일 것이다. 그런데 그 가운데 무엇보다 가장 큰 영향을 주는 요소를 하나 꼽자면, 다름 아닌 부모의 양육 태도이다. 아이의 능력이 최대한 발현되려면 EQ(정서지수)와 IQ(지능지수)가 균형적으로 발달해야 하는데, 부모가 자녀를 대하는 태도가 이러한 정서와 지능의 균형 발달에 아주 커다란 영향을 미치는 까닭이다.

부모의 양육 태도 검사PAT: Parenting Attitude Test는 앞서 살펴본 아이의 기질 검사와 함께 가장 많이 진행하는 검사이다. 부모의 양육 태도 검사는 자녀를 대하는 부모의 심리적 상태를 측정하는데, 비일관성, 지지 표현, 합리적 설명, 성취 압력, 간섭, 처벌, 감독, 과잉 기대 등 여덟 개의 하위 영역으로 나뉜다. (좀 더 자세한 설명은 64쪽을 참고.)

일관적인 태도란 무엇인가

이상적인 부모의 양육 태도는 어떤 것일까. 아마도 부모 자신의 마음을 안정감 있게 다스리고, 양육 과정에서 일관성 있는 태도로 아이에게 적절한 격려와 지지, 합리적 설명을 하는 자세라고 거칠게 말할 수 있을 것이다.

많은 육아서나 부모 교육에서 일관적인 부모의 태도를 강조한다. 물론 여기서 '일관적'이라는 것은 무섭고 단호한 모습을 뜻하지 않는다. 아이에게 해도 되는 것과 하면 안 되는 것을 정확히 구별해 알려주는 걸 가리킨다. 예를 들어 아이가 놀이터에서 신나게 놀고 있는데 "자, 이제 집에 가야 할 시간이야"라고 말할 때를 가정해보자. 이때 대부분의 아이들은 집에 가고 싶지 않다거나 더 놀고 싶다고 이야기할 것이다. 이때는 어떻게 반응하는 것이 좋을까? 아이의 감정을 먼저 읽어주고 상황을 설명하며 이해시켜주어야 할까? 아니면 빨리 원하는 바를 달성하려고 거래를 하거나 달콤한 말로 현혹해서 상황을 모면해야 할까?

두 가지 중 앞의 방식이 좋다는 건 말하지 않아도 알 것이다. 그러나 여기에도 함정이 있다. 만에 하나 아이가 계속해서 심하게 떼를 쓰며 울었더니 "그럼 미끄럼틀 빨리 한 번만 타고 가자"라고 부모가 배려한다면 아이는 어떻게 생각할까? '엄마가 나를 위해 배려해줬어'라고 생각할까? 답은 '아니요'이다. 안타깝게도 오히려 내가 울고 떼를 쓰면 미끄럼틀을 한 번 더 탈 수 있다고 이해하게 된다. 아이가 아직 어려서 받아들이기 어렵다고 하더라도 "더 놀고 싶은데, 가야 해서 아쉽네. 그치?"라고 아이의 마음에 먼저 공감해주고 나서, "하지만 오늘은 약속이 있어서 지금 가야 해"라고 짧게 설명한 뒤 곧장 데리고 나와야 한다. 만약 배려하는 마음에 한 번 더 태워줄 요량이었다면 처음부터 집에 가자고 말하기 전에 "우리 이제 가야 하는데 빨리 미끄럼틀 한 번만 더 타고 가자"라고 미리 덧붙이는 편이 좋다. 부모의 말에 일관성이 있어야 아이들도 자기 행동에 기준을 세울 수 있다.

칭찬은 언제나 좋을까

초등학교 3학년인 지아는 미술을 좋아한다. 평소 집에서 그림을 그리거나 만들기를 하면서 많은 시간을 보내고 미술학원도 재미있게 다닌다. 자기가 좋아하고 잘하는 활동이라서 즐겁고, 하고 나면 항상 엄마와 아빠에게 보여주고 칭찬도 받는다. 지아의 엄마 아빠 역시 아이 혼자서 척척 그림을 그리고 뭔가를 만드는 모습이 기특해서 매번 특급 칭찬을 해준다.

"너무 잘 그렸어!"

"이걸 정말 혼자서 그린 거야?"

"세상에서 이렇게 그림을 잘 그리는 사람은 우리 딸밖에 없을 거야!"

지아는 부모의 칭찬을 듣고 기쁨의 미소를 보인다. 그런데 학교 미술시간에는 상황이 조금 다르다. 그렇게 잘하고 좋아하는 미술을 학교에 가면 열심히 하지 않고, 완성되지 않은 작품을 그대로 가져오기 일쑤다. 엄마가 이유를 물으면 그냥 하기 싫었다거나 집에서 마저 하려고 다 끝내지 않았다고 이야기하는 등 학교 활동에 재미를 느끼지 못하는 것처럼 보인다. 지아 엄마는 대체 무엇이 문제인지 궁금하다.

일관적인 양육 태도 못지않게 중요한 것이 칭찬이다. 부모의 칭찬은 아이의 자존감과 연결되므로, 아이에게 양질의 칭찬은 매우 중요하다. 하지만 칭찬 중에는 독이 되는 칭찬도 분명히 있다. 유아기에는 예쁘고 최고라고만 하면 다 통하지만 아동기에 들어서면 아이는 무조건적인 칭찬에 시들해진다. 아이들도 점차 객관화되면서 자기 자신을 주변과 비교하고 판단하는 힘이 생기기 때문이다. (칭찬에 관해서는 본문 68쪽 칭찬의 기술을 참고.)

지아의 경우처럼 가정에서의 무조건적인 칭찬에 익숙해진 경우, 부모의 기대와 달리 또래 관계와 대인 관계에서 실망하는 일이 잦을 수 있다. 학교에서는 분명히 나보다 무언가를 잘하는 친구가 여럿 있다. 집에서 최고라고 밖에서도 최고가 될 수 있다는 건, 아쉽지만 지나친 바람에 가깝다. 집에서 부모에게 무조건적인 칭찬을 당연하게 받던 아이들이 학교에서 다른 친구가 선생님의 긍정적인 피드백을 받는 모습을 보고 크게 실망하거나 의욕을 잃는 까닭이 여기에 있다.

아이들이 성장할수록 잘한 것을 칭찬하지 말라는 뜻이 아니다. 적절한 표현으로 칭찬해주는 것이 무엇보다 중요하다는 말이다. 칭찬을 할 때도 기술이 필요하다. 뒤에서 자세히 설명하겠지만, 전체를 뭉뚱그려 칭찬하기보다는 아이가 애쓰고 수고한 부분이나 공을 들인 부분에 초점을 맞춰 조금 더 세부적으로 칭찬하면 좋다.

설명과 지적은 다르다

여섯 살인 준호는 호기심이 많다. 궁금한 것이 많아서 하고 있는 놀이에 금방 싫증을 느끼고 다양한 교구나 장난감을 꺼내 어질러놓기 일쑤다. 준호 엄마는 그런 준호를 이해하려고 노력한다.

'어리기 때문일 거야.'

'이때는 다 이러지 않을까?'

그러면서 준호가 주변을 정리하며 놀 수 있도록 타일러도 보고 정리 자체를 놀이로 여길 수 있도록 다양한 시도를 해본다. 하지만 자칫 아이가 다칠 수 있는 위험한 상황에서는 어쩔 수 없이 야단을 칠 수밖에 없다. 아이의 움직임이 커지고 궁금증이 많아지면서 준호가 자주 부모에게 묻지 않고 먼저 행동하는 바람에 위험할 뻔한 상황이 여러 차례 반복되었기 때문이다. 그러다 보니 지금은 준호가 자칫 위험한 행동을 할 때마다 엄마의 설명을 새겨듣지 않는 것 같아 화가 나고, 같은 말만 여러 번 되풀이하게 된다.

문제는 그럴수록 준호에게 엄마의 설명이 잔소리로만 들린다는 것이다. 최근에는 엄마의 말에 아무런 반응을 하지 않기도 한다. 아이에게 최대한 맞춰주려 노력했는데 뭐가 잘못된 것일까?

아이들은 부모의 말을 통해 세상을 배워나간다. 어떤 것을 물어도 차근차근 설명해주는 부모를 싫어할 아이는 없을 것이다. 그런데 한 가지 조심할 것은 합리적 설명과 지나친 지적 혹은 간섭이 다르다는 사실이다. 분명히 준호 엄마는 아이에게 많은 설명을 해주는 훌륭한 부모이다. 그러나 아이 입장에서는 자꾸 위험한 행동을 한다고 지적받고 혼이 나면서 결국 엄마의 합리적 설명이 잔소리로 느껴지는 상황이다.

준호는 사례에서 알 수 있듯이 기질적으로 탐색적 흥분이 높고 활동적이다 보니 수시로 위험한 상황이 연출되면서 엄마에게 자주 지적을 받았다. 이런 간섭과 지적이 이어지면 아이는 자신이 하고 싶은 것을 하지 못하게 한다고 여겨 부모의 친절한 설명까지 곧이곧대로 받아들이지 않는다. 무조건 거절당한다고만 생각하는 것이다. 사실 자녀에게 어떤 상황과 대상을 자세히 설명해주려 애쓰는 건 좋은 부모의 자세이고 칭찬해주고 싶은 훌륭한 태도이다. 하지만 부모와 자녀 사이에 신뢰가 형성되지 않은 상태에서 죽 이어지는 설명은 자녀에게는 잔소리로만 들릴 뿐이다.

더 나은 변화를 위해서는 지적받는 상황에 노출될 가능성을 먼저 줄여야 한다. 미리 위험한 상황이나 하면 안 되는 행동을 설명해주고, 상황이 여의치 않는다면 바로 혼을 내기보다는 공감과 이해를 유도해야 한다. 예를 들어 준호가 키즈카페에서 전동기차 놀이를 하려고 기찻길을 길게 만들어서 다른 친구들의 놀이 동선까지 방해하고 있다고 가정해보자. 이때는 아이가 하고 싶었던 활동의 이유에 대해 공감하고 대안을 제시하면서 상황을 이해할 수 있도록 설명해주면 좋다.

"준호야, 기찻길을 길게 이어서 기차가 멈추지 않고 쭉 가게 하고 싶었던 거야? 그런데 여기는 친구들이 다니는 길이라 이쪽으로는 길게 만들기 어렵겠다. 이쪽 옆으로 해서 기차가 쭉 가다가 돌아가면 더 멋진 길이 될 것 같아."

공감을 통한 대안 제시라고 하니 언뜻 복잡하고 힘들어 보이지만 부모가 생각하는 만큼 그리 어렵지는 않다. 입장을 바꾸어 아이의 눈으로 상황을 살펴보면 답은 쉽게 나온다. 희망적인 사실은 부모의 양육 태도에서 합리적 설명이 충분한 경우 예후가 좋다는 것이다. 사소한 것 하나라도 따뜻하게 설명해주는 부모의 모습에서 사랑과 애정을 느끼지 못하는 아이는 많지 않다. 다만 한 가지 주의할 점은, 앞서 말했듯이 먼저 지적과 간섭을 줄여야 한다는 것이다.

단번에 모든 것을 바꿀 수는 없다

아마 부모라면 공감하겠지만 자녀를 키우는 일은 참으로 어렵다. 한배에서 태어났다 하더라도 모두 다른 성격을 지니고 있으며, 같은 부모의 영향을 받지만 서로 다른 영향력을 느끼며 자란다. 어느 하나의 답이 정해져 있지 않고, 그래서 매우 어려운 일이 양육이다.

누구나 좋은 부모, 현명한 부모가 되어 자녀를 건강하고 올바르게 키우고 싶을 것이다. 이상적인 부모의 양육 태도는 스스로 마음을 잘 조절하는 한편 아이를 향해 적절한 격려와 지지, 합리적 설명을 해줌으로써 만들어갈 수 있다. 무엇보다 아이의 마음을 이해하고 공감하면서 일방적인 방향을 제시하기보다 좋은 방향성을 함께 고민하고 찾아가려는 노력이 필요하다. 나의 양육 태도가 아이에게 어떤 영향을 주고 있을지 면밀히 살펴보면서 아이의 기질과 가장 잘 맞는 방법이 무엇일지 생각해보는 것도 좋다. 필요에 따라 점검 차원에서 자녀와 본인 모두 검사를 해보는 것도 적극 추천한다.

자녀가 자라는 것처럼 아이의 기질, 성향, 발달 단계에 따라 양육 태도 역시 변화되어야 한다. 단번에 모든 것을 바꿀 수는 없다. 힘든 시간은 유독 나에게만 더욱 더디게 흘러가는 듯 느껴지기 마련이다. 그러나 변화가 필요하다는 사실을 자각하고 이를 위해 노력을 기울인다면 언젠가 분명 마법처럼 행복을 경험하는 순간이 찾아온다고 믿는다.

자녀를 대하는 부모의 양육 태도 검사

부모의 양육 태도 검사는 자녀를 대하는 부모의 심리적 상태인 여덟 개의 하위 영역으로 나뉜다.

1 비일관성

아이들은 일관적인 부모의 모습에서 안정감을 느끼고 비일관적인 부모의 모습에서 불안감을 느낀다. 어제는 되고 오늘은 안 된다고 말하면 아이들에게는 이해하기 힘든 상황이 되고, 이것이 자꾸 눈치를 보는 아이로 만드는 원인으로 작용한다.

2 지지 표현

지지 표현은 애정을 표현하는 정도로, 아이가 어떤 활동을 해낼 수 있도록 격려하고 칭찬해주는 것이다.

3 합리적 설명

합리적 설명은 부모가 자녀를 이해시키거나 설득하는 활동을 말한다. 대체로 부모 양육 태도 검사 중 하위 영역 사이의 연관성을 살펴보면 '지지 표현, 합리적 설명, 성취 압력'과 '간섭, 처벌, 감독, 과잉 기대'는 반비례하는 경우가 일반적이다. 그런데 간혹 검사 결과 합리적 설명도 높고 간섭도 높게 나오는 경우가 있다. 이런 부모는 자신이 합리적 설명을 하고 있다고 여기지만 자녀는 잔소리로 들었을 가능성이 매우 크다. 이미 부모의 많은 간섭에 지쳐 있는 아이들은 객관화된 설명을 들으면서도 그것을 잔소리로 여기며 부모의 말에 주의를 기울이려 하지 않는다.

4 성취 압력

성취 압력은 아이에게 목표를 주고 해낼 수 있도록 응원하는 것으로, 아이의 지적 발달에 많은 도움을 준다. 하지만 아이가 가진 능력 이상의 것을 요구하는 지나친 성취 압력은 강요로 느껴져 부담감과 스트레스만 안겨주고, 아이는 점차 초조해하거나 의욕 없는 모습을 보이게 된다. “안 되면 되게 하라” “하면 된다”와 같은 무조건적인 강요는 아이를 지치게 할 뿐이다.

5 간섭

간섭을 좋아할 사람은 아무도 없을 것이다. “이렇게 해라” “이렇게 했어야지” “저건 다 했니?” 등 다양한 요구와 지적을 하면서 참견하는 빈도가 늘어나면 아이들의 자율성은 큰 방해를 받는다. 결국 부모에게 의존적인 아이나 의욕 없는 아이를 만드는 지름길이 될 뿐이다. 비교적 어린 유아기에는 과제 집중력을 향상하는 데 일정 부분 도움이 될 수 있겠지만 대략 6세를 넘기면 스스로 할 수 있도록 도와주면서 간섭을 줄이는 것이 바람직하다.

그런데 실상은 어떨까. 우리나라의 경우 아이가 초등학교에 들어갈 무렵 입학 준비를 하면서 더 많은 간섭을 하게 되는 게 보통이다. 자연히 아이들이 공부와 생활 태도 면에서 간섭을 많이 받게 되면서 스트레스 지수도 높아지는데, 이로 인해 틱(tic), 유·아동자위, 공격성, 산만함 등의 다양한 문제가 동반된다.

6 처벌

처벌은 신체적 처벌뿐만 아니라 심리적 위협을 가하는 것까지 모두 포함된다. 필요에 따라 처벌도 있어야겠지만 먼저 기본적인 규칙을 정하고 지킬 수 있도록 구체적인 기준을 정해야 한다. 처벌을 할 때는 신체적 체벌이 아닌 단호한 언어적 표현으로 행동을 규제하고, 반드시 약속된 처벌만 진행해야 한다.

이때는 무엇보다 부모가 일관성 있는 태도를 보이고, 처벌을 하기 전에 이유를 분명히 이해시켜야 한다. 처벌이 높은 부모의 가장 큰 문제점은 부모의 부적절한 감정 조절과 충동성을 아이가 그대로 배운다는 것이다. 이상적인 부모는 감정 조절을 잘하는 부모이다. 감정 조절은 일관적인 부모의 모습을 갖추는 데 필요한 요소인 만큼 충분히 신경 써야 할 부분이다.

7 감독

스포츠 감독들이 선수를 관리하는 것처럼 자녀의 스케줄을 관리하고 지도하는 것도 감독이지만 아이가 해야 하는 또는 할 수 있는 것들을 대신 해주는 것도 감독에 포함된다. 시간이 없어서, 신경 쓰기 싫어서, 기다려주기 힘들어서 아이 대신 무언가를 해주는 부모가 많다. 이런 부모 밑에서 자라는 아이들은 (저마다 기질에 따라) 스스로 해야 할 필요성을 느끼지 못해 무기력해지거나 뜻대로 할 수 없는 상황에 스트레스를 받기도 한다. 적당한 감독은 아이들이 행동규범을 지키는 와중에 호기심을 충족하도록 돕지만, 이것이 지나치면 아이가 거짓말을 하게 되고 공부에 흥미를 잃는 상황이 발생한다. 아이들이 지속적으로 성장하는 원동력은 자율성인데, 감독이 많아질수록 자율성을 해치기 때문이다.

8 과잉 기대

과잉 기대는 겉으로 드러내지는 않지만 마음속으로 생각하는 부모의 기대감이다. 부모가 입 밖으로 표현하지 않는 감정인데 왜 검사에서 확인하는 것일까? 바로 비언어적으로 드러나는 눈빛, 표정, 말투 등이 아이들의 자존감에 영향을 주기 때문이다. 분명 잘할 거라고 기대하고 있는데 그만큼 결과가 따르지 않을 때 나오는 한숨이나 실망의 몸짓은 아이들의 감정 발달에 영향을 준다. 때로는 오히려 언어적인 표현보다 비언어적인 표현이 아이들에게 더욱 크게 전달되기도 한다. 이런 부정적인 감정 표현은 아이들의 자존감을 무너뜨리므로 반드시 주의해야 한다.

삶을 즐기는 아이로 키우는 칭찬의 기술

잠시 아이가 한두 살 무렵이었을 상황을 떠올려보자. 아이에게 휴지를 손에 쥐여주면서 "휴지통에 버리고 올래!"라고 말하면 아장아장 걸어가 휴지를 버리고 온다. 기특하게 말귀를 알아듣는 아이를 보면서 "우리 아이는 천재인가 봐……"라며 놀라고 감격스러워하지 않았던가. 손뼉을 치고 잘했다 칭찬해주면 아이도 신이 나서 그때부터는 부모가 주는 휴지마다 알아서 휴지통에 가져다 버린다. 칭찬은 고래도 춤추게 하고 아직 말귀를 잘 못 알아듣는 어린 아이도 심부름을 해내게 하는 마법 같은 능력이 있다.

나는 상담 시간에 자녀에게 칭찬을 많이 해달라고 부모를 독려하는 편이다. 그러면 대부분 집에서 칭찬을 자주 하고 있다는 답이 돌아오지만, 구체적인 상황을 들어보면 많은 부모가 잘못된 방식으로 아이를 칭찬하고 있음을 알고 놀라웠다. 때에 따라서 잘못된 칭찬은 독이 된다. 어떤 경우에 칭찬이 독이 될까.

결과 자체를 칭찬해서는 안 된다

초등 고학년인 기혁이는 공부를 잘한다. 그런데도 기혁이는 왠지 늘 자신 없는 모습이다. 기혁이 부모는 답답한 마음이 들 수밖에 없다. 평소 학교 공부에 부담을 준 적도 없고 시험 결과를 두고 혼내거나 과한 칭찬을 하지도 않았다. 그런데도 기혁이는 공부에 스트레스를 많이 느끼고 점수에 지나치게 연연한다. 오히려 그러지 않아도 된다고 부모가 안심시켜주려 노력하고 있다. 완벽주의적인 성향이어서 그런 건지, 잘하고자 하는 욕심이 많아서인지……. 기혁이가 시험 점수 하나에 일희일비하니 옆에서 지켜보기가 더 힘들다. 가족 간의 대화 주제도 공부와 성적에만 집중되는 것 같아 더욱 염려가 된다.

부모가 아이들을 칭찬하는 이유는 다양하다. 당연히 어떤 행동의 결과를 칭찬하는 경우가 가장 많을 테고, 외모나 성격, 노력, 마음 씀씀이 등도 칭찬의 이유가 된다. 그런데 혹시 칭찬의 기술과 관련해 결과물에 대한 칭찬을 해서는 안 된다고 들어본 적 없는

가? 왜 그럴까. 결과물에 대한 칭찬은 칭찬이 아닌 평가이기 때문이다. 결과에 대한 칭찬을 들은 아이들은 그다음에도 이만큼 또는 그 이상의 결과물을 내야만 칭찬받을 수 있다고 느낀다. 자연히 부담이 커지고, 좋은 결과를 내지 못하면 칭찬을 받을 수 없다고 생각하며 낙담하게 된다. 그럼 어떻게 칭찬해야 아이에게 상처를 주지 않을 수 있을까.

이 질문에 많은 육아서나 강의에서는 '결과 칭찬이 아닌 과정 칭찬을 해라'라고 강조한다. 물론 결과 칭찬보다는 과정에 들어간 노력을 칭찬하고 알아주는 것이 필요하다. 하지만 한번 곰곰이 생각해보자. 결과를 칭찬하지 않을 수는 없다. 좋은 결과물을 낸 아이들에게 칭찬은 선물과도 같은 즐거운 보상이다. 건강한 결과 칭찬은 아이들의 성장 과정에서 꼭 필요한 요소다. 시험에서 100점을 맞으면 당연히 뿌듯해지기 때문에 마땅히 결과도 칭찬해주어야 한다. 다만 이때 중요한 점이 있다. 결과 칭찬과 더불어 과정 칭찬, 존재 칭찬, 마음 칭찬 등 다른 칭찬의 강도가 이와 큰 차이를 보이지 않아야 한다는 것이다. 만약 결과를 두고 10의 강도로 칭찬하고 그 이외의 대상에는 5나 6 정도의 강도로 칭찬하면 아이들은 당연히 부모가 결과에 치중한다고 느끼게 된다.

기혁이 부모님은 결과 칭찬을 별로 하지 않고 아이가 스트레스를 받는 것에 눈치를 보며 오히려 괜찮다고 다독여주기만 했을 뿐이라고 말했다. 그런데 어째서 기혁이는 거꾸로 결과에 연연하는 모습을 보이는 걸까? 기혁이의 가정을 상담해본 결과 그 원인은 놀랍게도 학원이었다. 가정에서는 결과 칭찬을 하지 않지만 이미 기혁이가 다니는 수많은 학원에서 결과 칭찬을 하고 있기에 그 과정에서 스트레스를 받은 것이다.

대개 학원 복도 게시판에는 '이달의 위너' '이번 주 1·2·3등'과 같은 아이들의 성적 랭킹이 나붙어 있다. 저기에 이름이 올라가야 선생님에게 칭찬을 듣고 친구들 앞에서 자랑스러워질 수 있다. 이런 상황에서 애정 결핍을 경험하고 있고, 이에 더해 좋은 결과를 내는 게 아직까지는 가능한 수준이라면 인정받고 싶은 욕구가 거세져 성적에 연연하는 아이가 된다. 이것은 아이에게 생각보다 큰 스트레스를 준다. 조금만 성적이 떨어져도 스스로를 무능하다고 탓하며, 결국 자신도 모르는 사이 자신감 없는 아이로 자라나는 것이다. 결과를 칭찬하는 것은 필요하다. 하지만 그것을 경계하는 이유는 결과 칭찬의 후유증 때문이다. 좋은 결과가 아니면 칭찬받을 수 없다는 두려움과 이전의 결과 이상의 결과를 내야 한다는 부담감 탓에, 결과를 칭찬받은 아이들은 내일이 결코 행복하지 않다.

그렇다면 두려움과 부담감을 주지 않는 건강한 결과 칭찬 방법은 무엇일까. 우선 결과의 전부를 가지고 칭찬하기보다 아이가 결과를 얻기 위해 가장 공을 들였을 부분을 집중적으로 세밀하게 칭찬해주는 방법이 있다. 예를 들어 아이가 자동차 그림을 멋지게 그렸다면 "우와~ 이걸 우리 시현이가 그린 거야? 너무 멋지다. 진짜 최고야!!!! 짱~!!!!"이라고 칭찬하기보다 "와~ 이 자동차는 휠이 멋지다. 휠을 이렇게 표현하니까 자동차가 정말로 살아 움직이고 있는 것 같아"라고 칭찬해보자. 아이는 자신이 공들인 부분을 알아주는 부모를 보며 그 칭찬이 진심 어린 칭찬이라고 느끼게 된다. 그러면 자연스레 뿌듯함이 들고 자존감도 향상된다. 다시 말하지만 결과 칭찬은 아이가 노력하고 애쓴 수행의 결과를 칭찬해주는 것이다. 결코 어떤 결과물 자체에 대한 칭찬에 그쳐서는 안 된다.

지나친 칭찬은 독이다

유치원에 다니는 희원이는 하원할 때마다 기분이 상해서 온다. 이야기를 들어보면 선생님이 다른 친구만 예뻐하고 자기는 신경 쓰지 않았다거나, 친구들이 자기와 놀아주지 않았다며 유치원 생활의 불만을 표현한다. 담임 선생님과 상담을 해보면 분명히 재미있게 활동했고 친구들과도 원만하게 지냈다고 하는데, 희원이 말을 들으면 항상 억울하고 불만족스러운 것투성이다. 희원이는 집에서는 그림도 잘 그리고 놀이도 즐겁게 하면서 건강한 아이로 성장하고 있다. 그런데 왜 유치원에만 가면 늘 기분이 나빠져서 돌아오는 걸까? 희원이 엄마는 아이가 다니는 유치원을 바꿔야 하나 심각하게 고민하는 중이다.

무엇이든 지나치면 부족한 것보다 못한 법이라고 한다. 지나친 칭찬은 오히려 아이를 소심하게 만들 수 있다. 가정에서 극찬 수준의 칭찬을 자주 받으면 아이는 무의식적으로 자신의 모든 행동이 칭찬받을 만하다는 기대를 품게 된다. 심지어 당연히 자기가 알아서 마땅히 해야 하는 일에도 칭찬을 받지 않으면 서운해진다.

어느 날 희원이가 그린 강아지 그림을 보고 엄마와 아빠가 놀라워하며 "우리 희원이, 우주 최강!"이라 칭찬해주었다고 가정해보자. 유치원에 간 희원이는 그림 시간에 또 강아지를 그렸다. 당연히 선생님과 친구들이 엄마 아빠가 해준 강도로 칭찬해줄 거라 기대하고 있었다. 그런데 선생님이 희원이 옆에서 기린을 그리고 있는 친구에게 다가가 "어머, 기린 목을 기다랗게 잘 그리네"라고 칭찬해주면 희원이의 기분은 어떨까? 그 모습을 보고 부러워진 희원이가 "선생님, 제 꺼는 강아지예요. 보세요"라고 후다닥 내밀자 선생님이 쓱 훑어보고 "응, 강아지네. 잘했어"라고 짧게 대꾸한다면? 만족스럽지 않은 반응에 희원이는 크게 실망할 것이다. 급기야 선생님이 친구만 예뻐할 뿐 자신을 신경 쓰지 않는다고 해석하면서 점점 관계 맺기에 어려움을 겪을 가능성도 있다.

어릴 적 부모의 칭찬은 아이들의 자존감을 향상하는 데 중요하고도 큰 역할을 한다. 당연히 왕자 혹은 공주라며 존재 칭찬(아이의 존재 자체를 사랑스럽게 칭찬해주는 일)을 해주는 것도 큰 도움이 된다. 하지만 아이가 6세 정도가 되면 또래와 자신을 비교하고 평가할 수 있는 객관화가 이루어진다. 그때는 아이들도 자신이 동화 속에 나오는 왕자와 공주가 아님을 알게 된다. 나보다 친구가 더 잘하는 부분이 분명히 보이고, 그래서 자기 자신과 비교해보기도 한다. 그럴 때 부모가 "최고야, 너무 잘했어"라고만 칭찬한다면 아이에게는 별 의미 없는 말로 다가올 뿐이다. 심지어 "엄마는 맨날 잘했다고만 하잖아"라고 대꾸하며 칭찬하는 부모를 머쓱하게 만들어버린다.

긍정적인 칭찬의 방법

세상의 많은 일과 마찬가지로 칭찬에도 기술이 필요하다. 평소 아이들에게 긍정적인 영향을 줄 수 있는 칭찬으로는 일관적인 칭찬, 즉각적인 칭찬, 구체적인 칭찬, 노력과 과정에 대한 칭찬, 칭찬만 하는 칭찬을 꼽을 수 있다. 구체적으로 살펴보자.

일관적인 칭찬

어느 날 아이가 엄마의 설거지를 돕겠다고 나서면 처음엔 그 모습이 그렇게 귀여울 수가 없다. 그래서 옆에서 설거지를 해보라고 허락하고 칭찬도 해준다. 하지만 다음 날도 그다음 날도 또 한다고 나서면 상황이 달라진다. 아이가 설거지를 잘해봐야 얼마나 잘하겠는가. 세제 거품이 씻겨나가지 않은 상태로 덕지덕지 묻어 있고 온갖 곳에 물이 다 튀어 오히려 설거지를 방해하는 것만 같은 기분이 든다. 그러면 알게 모르게 짜증이 난다. 똑바로 하지 않을 거면 아예 하지 말라고 핀잔을 놓고, “그냥 네 할 일이나 해”라면서 구박도 한다.

아이가 보기에는 분명히 일관적이지 않은 모습이다. 설거지를 돕겠다고 말하는 건 똑같은데 어느 때는 칭찬을 받다가 어느 때는 꾸중을 듣는 상황이다. 이런 경우 아이들은 자기 행동에 자신감을 갖지 못하고 행동을 한 뒤에도 부모나 상대의 눈치를 보게 된다. 만약 아이가 이전에 칭찬받은 행동을 또 하려고 할 때는 마음속으로 ‘우리 아이가 칭찬받고 싶구나’라고 해석하고 “여기에서 네가 거품하고, 헹구는 건 엄마가 할게”와 같이 구체적인 행동 지침을 알려주어 잘 수행할 수 있도록 안내해주는 게 필요하다.

즉각적인 칭찬

자신이 잘한 일을 상대가 알아준다면 누구나 뿌듯하고 행복하다고 느낄 것이다. 특히 아이들은 부모가 알아주고 자기를 칭찬해줄 때 자아 존중감과 자기 효능감이 향상된다. 지난 행동을 다시 꺼내어 이야기하면서 칭찬해주어도 좋지만, 가능하다면 칭찬은 그 자리에서 바로 즉각적으로 해주는 게 더 좋은 효과를 준다.

사실 즉각적인 칭찬이 어려운 이유는 칭찬을 할 만한 상황이 아니라서가 아니다. 그보다는 부모가 평소 칭찬에 인색해서인 경우가 훨씬 많다. 아이가 한 행동이 당연한 것일 뿐 칭찬할 내용이 아니라고 생각하는 것이다. 하지만 아이는 칭찬할 것투성이다. 햇빛에 반짝이는 머리칼을 칭찬해주고, 음식을 맛있게 먹고 있는 입술을 칭찬해주고, 창밖을 보며 반짝이는 눈동자를 칭찬해줄 수 있다. 이렇게 생각해보면 우리가 얼마나 많은 칭찬 기회를 놓치고 있는지 알 수 있다. 적어도 하루 한 번 내 아이를 칭찬하겠다고 마음먹으면 칭찬할 거리가 점점 늘어나는 신기한 현상을 경험하게 될 것이다.

또한 칭찬은 말로만 하는 것이 아니다. 사랑스러운 눈빛을 담아 고개를 끄덕여주고 엄지척을 해주거나 머리를 쓰다듬어주는 정도로도 칭찬하는 마음이 충분히 전달될 수 있다.

구체적인 칭찬

칭찬의 기술 중에서 가장 강조하고 싶은 내용이 이것이다. 앞서 말했듯 전체를 아울러서 칭찬하기보다는 아이가 특별히 노력하거나 마음 썼을 부분을 알아주고 구체적으로 그림을 그리듯 설명하며 칭찬하는 방법이다. 아무리 사소하더라도 칭찬이 가능한 부분을 얼마든지 찾아서 표현할 수 있다.

구체적인 칭찬을 하기 위해서는 아이 관점에서 상황을 헤아려봐야 하는데, 이것은 공감이 없으면 불가능하다. 그런 까닭에 구체적인 칭찬을 들은 아이는 부모에게 공감과 수용을 받는 느낌이 들어서 만족감과 뿌듯함도 배가 된다. 여기에 비언어적 리액션을 함께 담아준다면 최고의 칭찬이 될 것이다.

노력과 과정에 대한 칭찬

칭찬의 방법 중에서 가장 이상적인 칭찬이라 강조하는 노력과 과정에 대한 칭찬은 많은 연구 결과에서도 효과가 입증되었다. 스탠퍼드대학교 사회심리학자인 캐롤 드웩Carol S. Dweck 박사는 《마인드셋: 성공의 새로운 심리학》에서 간단하지만 획기적인 사고방식의 힘을 강조한다. 드웩은 40년간 성공의 비밀을 연구하면서, 많은 사람이 재능과 지능이 아니라 성장할 수 있다는 사고방식으로 성공에 도달한다는 사실을 발견했다.

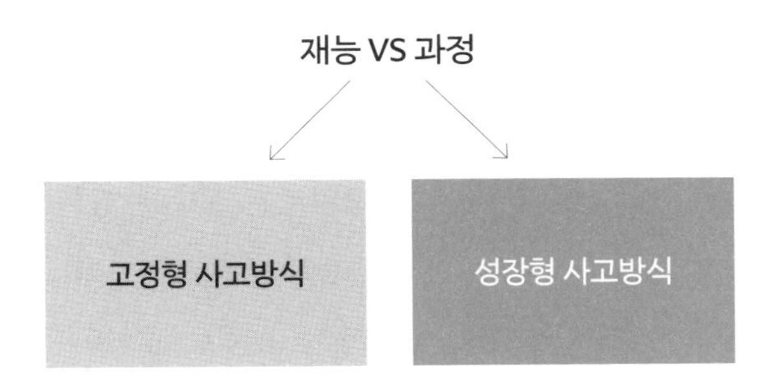

일반적으로 우리의 사고방식은 고정형 사고방식Fixed Mindset과 성장형 사고방식Growth Mindset으로 나뉜다. 고정형 사고방식은 지능이

란 타고나므로 잘 변하지 않고 바꿀 수도 없다고 생각하는 것이다. 이와 달리 성장형 사고방식은 타고난 바는 각자 다르지만 노력에 따라 누구나 능력과 지능을 계발할 수 있다고 믿는 것이다. 어려서부터 '똑똑하다' 혹은 '재능 있다' 같은 말로 칭찬을 받아온 아이들은 자신의 능력이 고정된 자질이라고 여긴다. 그 결과 어려운 상황을 극복하기보다는 그때그때 회피하려는 고정형 사고방식을 갖게 된다. 그러나 열심히 노력한 모습이나 과정을 칭찬받은 아이들은 재능보다는 노력이 결과를 바꿀 수 있다고 여긴다. 그래서 어려움을 느끼는 상황에서 좀 더 적극적이고 긍정적인 모습을 보이는 성장형 사고방식을 갖게 되는 것이다.

칭찬하는 방식을 조금 바꿨을 뿐인데도 아이가 스스로 동기를 부여할 수 있는 성장형 사고방식을 갖게 된다면 부모로서 당연히 이 방법을 미룰 필요가 없을 것이다.

칭찬만 하는 칭찬

아이를 칭찬할 때 부모가 자주 저지르는 실수는 칭찬하는 상황에서 조금 부족하거나 아쉬운 점을 함께 표현하는 것이다. 물론 부모로서 아이가 지금보다 더 잘해주기를 바라는 마음은 이해 못 할 바가 아니다. 그러나 칭찬을 하면서 아쉽고 부족한 점을 콕 집어 말해버리면 칭찬이 더 이상 칭찬이 아닌 핀잔과 지적이 된다. 때로는 서로 기분이 상하는 결과가 빚어지기도 한다. 엄마가 아이에게 이렇게 칭찬한다고 가정해보자.

"오늘 준서랑 재미있었다, 그치? 서로 양보도 잘하고 준서가 먹고 싶다고 하니까 네가 왕꿈틀이를 양보해주는 모습이 너무 멋졌어. 그런데 줄 듯 말 듯 하면서 주니까 친구도 짜증을 내고, 너도 주고 나서 기분이 좋지 않았잖아? 그러니 앞으로는 주려고 했으면 바로 주는 게 어떨까?"

이때 아이는 칭찬을 받았다기보다는 지적을 받았다는 느낌이 더 크게 들 것이다. 분명 아이를 칭찬하려고 이야기를 시작했는데 왜 그 끝이 좋지 않은 걸까? 바로 칭찬 뒤에 '그런데'를 사용했기 때문이다. 굳이 '그런데'를 덧붙여 아이의 마음에 찬물을 끼얹을 필요는 없다. 줄 듯 말 듯 하며 장난치는 모습이 보기 싫었다면, 다른 자리에서 비슷한 행동을 할 때 이야기하거나, 차라리 이 말을 먼저 하고 뒤이어 칭찬으로 마무리하기를 추천한다. 기억하자. 칭찬은 오직 칭찬으로 끝내야 한다.

삶의 도전을 즐기는 아이로 키우자

자신의 아이가 자신감 있고 적극적인 모습으로 이 세상을 살아간다면 부모는 더 이상 바랄 게 없을 것이다. 발표 시간에 먼저 손을 들어 의견을 당당히 말하고 또래와 그룹 활동을 할 때 친구의 의견을 잘 듣고 조율해서 이상적인 결과를 만들어내는 아이로 성장한다면 얼마나 든든할까? 부모의 칭찬은 아이가 성장하는 데 꼭 필요한 요소이다. 공들이고 노력한 과정을 칭찬받은 아이들은 그 칭찬에 힘입어 목표의식과 효능감을 키우며 무럭무럭 성장한다. 이런 만족감과 기대감이 쌓이면 아이들은 자기 자신에게 믿음이 생기고, 스스로를 '무언가 이루어낼 수 있는 존재'로 여긴다.

아이들의 삶에는 크고 작은 도전이 가득 놓여 있다. 누구나 경험해봐서 알겠지만 도전은 힘든 일이다. 그런데 칭찬 없는 도전은 더욱 고통스럽다. 아이의 삶에 장애물이 나타날 때마다 부모가 옆에서 함께 치워줄 수는 없는 노릇이다. 그러나 어렸을 때 칭찬을 통해 내면의 힘을 키워주면 그런 도전이 조금은 수월해진다. 아이가 자기 자신을 믿지 않으면 어떤 도전도 헤쳐나갈 수 없다. 칭찬을 통해 때로는 삶의 행복을 누리고 때로는 자신을 찾아오는 각종 도전에 당당히 맞설 수 있도록 도와주자.

우리 가족에게
가장 필요한 것은 존중

우리는 저마다 행복을 추구한다. 각자가 그리는 행복의 모습은 서로 다르지만 적어도 그 바탕이 되는 것 하나는 동일하다. 바로 행복한 가정이다. 사랑하는 남녀가 만나 결혼하고 아이를 낳아 행복한 가정을 이루는 것은 이 세상에 인간으로 태어나 누릴 수 있는 가장 고귀한 축복이 아닐 수 없다.

그런데 한 가지 문제가 있다. 가정을 이루기는 상대적으로 쉬워도 행복한 가정을 유지하는 것은 생각만큼 쉽지 않다는 것이다. 상담을 하다 보면 여러 가지 문제로 상당 기간 불화를 겪고 있는 가족이 많다는 사실에 가슴이 아파지기도 한다. 기환이 가족이 그런 경우였다.

기환이 아빠는 20년 넘게 담배를 피웠고, 언젠가 담배를 끊어야지 하면서도 매번 실패했다. 그러던 어느 날 중학생이 된 기환이가 담배를 피운다는 사실을 알게 되었다. 기환이 아빠는 기환이가 어릴 때부터 “담배는 끊기 어려운 것이라 시작조차 하면 안 된다”고 신신당부했는데, 기환이가 자기 말을 무시하고 담배를 피웠다는 사실에 화가 나고 걱정도 되었다. 따끔하게 혼을 내서 다시는 담배를 피우지 않겠다는 다짐을 받으려 했다. 그런데 기환이가 되려 아빠도 피우지 않냐며 따져 물었고, 그 바람에 아빠는 크게 화를 내고 말았다. 야구방망이로 기환이를 때리기까지 했다.

이렇게 혼이 났으니 그래도 기환이가 잘못을 깨닫고 더 피우지 않을 거라 생각했지만 날이 갈수록 상황은 나빠졌다. 매일 니코틴 검사기로 체크하고 혼을 내도 기환이의 흡연을 막을 수 없었다. 급기야 기환이는 친구들과 어울려 술을 마시고 들어오고, 수시로 가출까지 일삼았다. 어느 순간부터는 매를 들어도 “그래. 때려, 때려봐” 하며 같이 몸싸움을 하는 지경에 이르렀다. 처음에는 힘으로 이길 수 있었지만 시간이 지나면서 달라졌다. 자해를 하거나 심지어 엄마 아빠를 죽이겠다고 협박까지 하는 통에 무섭고 두려워져 이제는 아무것도 시도할 수 없게 되었다.

동그랗고 커다란 눈이 유독 예뻤던 기환이는 유치원에 다닐 무렵 사람들에게 러시아 인형 같다는 이야기를 많이 들었다. 아이가 예쁘다는 칭찬에 기분이 좋았던 기환이 엄마는 기환이가 싫은 기색을 내비쳐도 억지로 사과 머리를 해주고, 아기처럼 말할 때 기환이를 더 귀여워해주었다. 비록 지금은 상남자 같은 기환이지만, 엄마의 애정을 받고 싶었던 어린 시절의 기환이는 엄마가 원하는 대로 아기처럼 행동하며 엄마의 요구를 따랐다.

그런데 초등학교에 진학한 뒤부터 상황이 조금 달라졌다. 이제 학교에 갔다 집에 돌아오면 학습지 숙제를 빨리 하지 않는다고, 밥을 늦게 먹는다고 화를 내는 엄마가 거기 있었다. 기환이는 두 얼굴의 엄마가 너무 무서웠다. 심지어 아빠도 그런 엄마의 눈치를 보며 지냈다. 엄마는 기환이 앞에서도 아빠를 향해 끊임없이 잔소리를 늘어놓았다. 그러자 어느 순간 기환이도 아빠의 모습이 답답하고 밉게 보이기 시작했고, 조금 더 큰 뒤로는 엄마를 따라 아빠에게 잔소리를 시전하며 사사건건 지적하기에 이르렀다. 아빠가 담배를 피우는 모습, 술을 마시는 모습, 설거지 거리를 부엌 싱크대에 가져다놓지 않는 모습을 볼 때마다 "아빠는 잘하는 게 뭐야?" 라고 거침없이 핀잔을 준 것이다. 자존심이 상한 기환이 아빠는 무력을 행사해 기환이를 억누르며 기환이의 잘못을 지적하기에 바빴다. 악순환의 반복이었다. 자연스레 기환이 가족의 신뢰는 무너지고 가족 간의 갈등은 더욱 깊어졌다.

기환이네가 행복한 가족이 되기 위해 가장 중요한 것은 무엇일까? 어떻게 하면 화목하고 평안한 가정을 꾸릴 수 있을까? 가족 구성원 간에 서로 지켜야 할 가장 중요한 규칙은 무엇일까? 행복한 가정을 원한다면 적어도 이런 점을 찬찬히 고민해보아야 한다.

상대를 향한 존중의 말

지원이 아빠는 유치원생이 된 지원이가 귀엽기만 하다. 어느 날 아빠가 저녁식사를 하며 반주를 하고 있을 때였다.
"이그, 술에 무슨 웬수 졌냐?"
지원이의 비아냥대는 말에 아빠는 흠칫 놀라 아이를 바라보았다. 귀여운 지원이의 모습에 갑자기 아내의 모습이 겹쳐 보이는 건 기분 탓이었을까?
그런데 얼마 안 있어 유치원에서 전화가 걸려왔다. 선생님은 지원이가 친구랑 다투어서 많이 울었다며 지원이의 말투를 두고 염려를 전했다. 지원이가 친구들에게 곧잘 비아냥거리는 식으로 이야기해서 오해를 사는 일이 많다는 것이다. 지원이 아빠는 그동안 아이의 말투를 크게 염려하지 않고 그저 귀엽다고만 생각했는데, 이 정도일 줄은 전혀 예상하지 못했다.
사실 지원이에게도 친구를 놀리려는 나쁜 의도는 없었다. 그래서 나름 억울한 기분이 들면서 오히려 친구 관계에서 상처받는 상황이 반복되고 있었다.

아이들과 상담을 하다 보면 간혹 가정에서 있었던 일을 설명하면서 어른들이 쓸 법한 말투로 표현하는 경우를 접하게 된다. 표정과 몸짓, 분위기를 보면 부모가 어떤 상황에서 그런 말을 했을지 정확히 추측이 되면서 웃음이 나기도 하고, 그 가정의 상황이 명확하게 그려진다. 지원이 같은 경우가 특별한 사례라고 생각할지 모르겠지만 이런 정도는 생각보다 흔하다. 어떤 아이는 주말에 아빠와 놀고 싶은데 아빠가 혼자 게임만 하는 모습을 설명하면서 이렇게 말했다.

"아빠는 맨날 방구석에 처박혀서 게임이나 하고 밖으로 기어나오지를 않아요!"

아이는 고개를 한쪽으로 젖히며 모든 것을 해탈한 듯한 뉘앙스까지 풍겼다. 내가 속으로 웃음을 꾹 참으며 대체 그런 표현은 어떻게 배웠는지 묻자 아이는 그냥 원래 알고 있었다고 대답했다. 그러나 이런 말투와 표현은 직접 듣지 않고서는 결코 아이 혼자 만들어내기 어려운 것이라서 부모 상담 시간에 아이의 말투에 관해 물어보았다. 어머니는 몹시 당황하며 부끄러워했다.

"아이가 유튜브를 많이 보다 보니까 이상한 말을 배우나 봐요."

실제로 요즈음에는 다양한 영상물이 주변에 널려 있고 매우 쉽게 접근할 수 있어서 아이들이 부모가 가르쳐주지 않은 여러 형태의 말까지 배우고 습득할 수 있다. 아이가 반드시 부모의 모습만 따라 한다고 섣불리 단정 짓기 어려운 이유다. 주말에 게임을 하는 아빠를 두고 컴퓨터방에 '처박혀 있다'고 표현하는 것은 아빠의 취미 시간을 전혀 존중하지 않는 표현이다. 이런 것은 아이가 머릿속으로 생각해서 하는 말이 아니다. 부모 혹은 다른 환경에서 자연스럽게 습득한 것이다. 아이들은 각종 정보를 기억하고 모방하는 능력이 탁월해서 말의 뉘앙스를 머릿속에 저장해두었다가 비슷한 상황에 곧잘 적용해 표현한다.

문제는 이렇게 말해도 될 때와 안 될 때를 스스로 가리기가 어렵다는 점이다. 욕을 예로 들 수 있다. 욕을 모르는 아이는 없다. "우리 아이는 욕을 전혀 몰라요"라는 말은 더 이상 자랑스러운 것이 아니다. 아이가 초등학생이 되면 욕을 알게 되는 것은 시간문제다. 오히려 욕을 언제 사용하는지, 어떤 자리에서 사용하지 않아야 하는지 구별할 줄 알아야 한다.

상대에 대한 존중이 없는 표현도 크게 보면 욕을 무분별하게 남발하는 상황과 다르지 않다. 처음에 부모는 아이의 말투가 귀엽기도 하고 우습기도 해서 언뜻 부모를 무시하는 듯한 말도 쉽게 웃어넘기고, 때로는 당황해서 어물쩍 넘어가기도 한다. 하지만 이렇게 되면 또래 친구 사이라든가 일반적인 대인 관계에서도 부적절한 말을 사용하면서 상대에게 불편감을 주는 상황이 발생한다. 말의 의미를 정확히 몰라도 그 말에 상대를 존중하는 마음이 들어 있는지 무시하는 마음이 들어 있는지는 아이들도 바로 느낄 수 있다. 당연히 서로 기분이 상하고, 주고받는 말이 날카로워지면서 자칫 싸움으로 번지는 것이다.

지원이는 엄마가 아빠에게 비아냥댈 때 쓰던 표현을 그대로 습득하고 자연스럽게 뉘앙스를 살려 특정 상황에 적용했을 뿐이다. 그 말을 듣는 아빠나 친구의 감정은 전혀 배려하지 않은 채 말이다. 대체로 예의 없이 말하는 아이는 특별히 악의가 있어서라기보다 단지 부모에게 배운 표현 방법대로 의사소통을 하고 있는 것에 불과하다.

말투는 상대에 대한 나의 감정이 그대로 드러나는 표현이다. "잘한다!"와 "잘~한다"가 다른 것처럼 같은 말이어도 다른 느낌을 전달한다. 말에는 반드시 감정이 묻어난다. 존중하는 마음이 있어야 존중하는 표현이 나오는 건 당연하다. 가족 간에 존중하는 마음이 없으면 부정적 감정의 뉘앙스가 그대로 전달되고, 옆에서 지켜보는 아이들이 가감 없이 흡수할 수밖에 없다.

'올바른' 서열 정리가 필요하다

초등 고학년인 현기와 현주의 부모님은 맞벌이를 한다. 많은 시간을 둘이서만 보내야 하는 남매는 잘 놀다가도 서로 싸우기 일쑤여서, 밖에서 일하고 있는 엄마에게 전화를 걸어 울면서 엄마의 마음을 답답하게 할 때가 많다. 이야기를 들어보면 결국 서로 양보하지 않아서이거나, 큰 아이가 동생을 봐주지 않고 또래처럼 대해서 일어나는 다툼이다. 일하느라 바쁜 엄마는 아이들이 하는 이야기를 차분히 들어주지 못하고 자꾸 왜 싸우느냐며 혼을 내게 된다.

오늘도 남매는 간식을 가지고 다투었다. 다시 두 아이를 혼낸 엄마는 결국 씁쓸한 마음만 가득하다. 아이들의 이야기를 듣다 보면 각자의 이유가 있어서 가끔은 누구 편을 들어줘야 할지 난감하다. 그럴 때 상대의 처지를 이해할 수 있게 설명하려 들면 큰아이가 화를 버럭 낸다.

"엄마는 맨날 동생 편만 들고!"

현기가 떼를 쓰면 더 이상의 대화가 불가능해진다. 하다 하다 안 되면 아빠 소환하기!!! 이제 막 퇴근한 아빠는 옷도 갈아입지 못한 채 남매의 이야기를 듣고 정리하기 바쁘다. 그래도 현기는 아빠랑 이야기할 때는 다소 차분해지는 것 같다. 이야기를 듣는 아빠는 별거 아니라는 듯 심드렁하게 대꾸한다.

"엄마는 대체 왜 그러냐. 아빠가 주말에 사줄게. 동생 줘."

이런 상황이 반복되자 요즈음엔 현기가 엄마를 무시하듯 외면하기 일쑤다.

"됐어, 그냥 아빠한테 이야기할래."

엄마는 그런 현기를 보며 곧 다가올 사춘기가 걱정된다.

《미움받을 용기》로 잘 알려진 정신의학자 알프레드 아들러Alfred Adler는 가족 구도family constellation(가족의 사회적, 심리적 형태)와 출생 순위birth order가 아동의 생활양식 형성에 중요한 영향을 미친다고 보았다. 중요한 것은 물리적 출생 순위보다 아이들이 지각하는 심리적 환경과 형제간의 관계에서 파생되는 심리적 지위이며, 형제와 함께 성장하는 과정이 성격에 영향을 준다는 것이다.

아이들에게 가족의 서열을 물으면 1순위가 엄마이거나 막내라고 대답하는 경우가 많다. 그러다 보니 큰아이들은 동생에게 부모의 애정을 빼앗긴 것 같은 박탈감과 소외감을 느끼게 된다. 이런 마음은 쉽게 주눅 들고 눈치를 보는 행동으로 연결된다. 때로는 동생 때문에 억울하다는 생각도 든다.

이 문제의 원인은 간단하다. 쉽게 말해 동생이 형보다 서열이 더 높아졌기 때문이다. 다시 강조하지만, 여기서 말하는 서열은 단순히 동생이 형에게 양보하고 늘 형을 먼저 생각하라는 주문이 아니다. 동생이 형을 형으로서 대하고 바라볼 수 있도록 분위기를 만들어주어야 한다는 뜻이다. 물론 윗사람이 아랫사람을 함부로 대해도 된다는 의미도 아니다. 그보다는 오히려 상대에 대한 진짜 존중이 필요하다는 말에 가깝다. 가족 간의 서열을 정함으로써 엄마는 아빠를 존중하고 아빠는 엄마를 인정하며, 동생은 형을 존중하고 형은 동생을 살피는 시스템을 만들면 아주 수월하게 가족이 안정을 찾아가는 모습을 볼 수 있다.

가끔 서열을 정리해주려고 동생을 혼낸다거나 큰애부터 먼저 챙겨준다고 말하는 부모를 본다. 그런데 형을 존중해주라는 말은 무조건 형부터 챙기는 게 아니라 형의 의견을 존중해주는 것을 뜻한다. 아이들이 같이 놀면서 의견이 충돌할 때 동생에게 “형이 말하는 방법도 재미있을 것 같아. 같이 해보자”라고 이야기해주면, 큰아이는 인정받은 기분이 들면서 마음이 뿌듯해질 것이다. 이와 함께 형제간에 서로 고마운 마음을 갖게 해주면 좋다. “방금 슈퍼에 다녀왔는데 동생이 형아가 좋아한다고 이 과자 꼭 사야 된다고 하더라” 하며 동생이 형을 챙기는 마음을 겉으로 표현해주면, 형제가 서로에게 고마운 마음을 품을 것이다.

이런 간단한 방법이 아이들에게는 자신이 배려와 존중을 받고 있다는 믿음을 준다. 그러면 차차 가족에 대한 애정이 쌓인다. 부부 사이도 마찬가지다. 아이들 앞에서 상대의 의견을 수렴하고 배우자의 존재에 감사하는 모습을 보이면 아이들도 자연스럽게 가족에게 감사와 존중을 표현하게 된다. 맛있는 음식을 만들어준 엄마에게 엄마의 요리 솜씨가 최고라고 치켜세우고, 힘들게 일하고 들어온 아빠에게 늦은 시간까지 일하느라 고생했고 감사하다고 표현해보자. 가족 구성원 모두가 서로에게 존경하는 마음을 품는 것은 시간문제이다.

앞의 사례에서 현기 엄마는 두 아이가 다투고 전화했을 때 먼저 오빠인 현기가 양보하지 않고 동생을 또래처럼 대하는 모습에 화가 났다. 그래서 현기에게 화를 내며 “너는 왜 동생하고 똑같이 하려고만 드니?” 하며 야단을 쳤다. 결국 공평함의 측면에서 “둘 다

하지 마!"가 되는데, 아이들은 이런 상황을 쉽게 받아들이려 하지 않는다. 오히려 상대방이 잘못해서 내가 혼난다고 생각하며 억울함을 호소한다. 아이들의 호소에는 억지스러운 부분이 있지만 또 그럴 만한 이유도 충분하다. 부모가 아이를 찬찬히 이해시키려다 설명이 길어지면 그 순간 아이들은 자신이 온전히 이해받지 못하고 오히려 지적당한다고 느껴서 울거나 화를 낸다. 그러면 엄마는 머리가 하얘진다. 차라리 이런 상황에서는 솔로몬처럼 재판하려 들지 말고 나중에 감정이 조금 추슬러지면 따로 이야기를 나누기로 타협해도 좋다.

아이 둘 이상을 키우는 부모는 누구나 아이들의 문제를 최대한 공평하게 다루려고 노력한다. 부모가 아이들의 싸움을 공정하고 객관적으로 조율해주는 것은 필요하다. 그런 과정에서 민주적인 해결 방법을 배우기도 하기 때문이다. 그러니 꼭 나쁜 것만은 아니지만 그렇다고 매번 그래야 하는 것도 아니다. 어떨 때 우리는 진짜 공평해야 하는 문제에 편파적으로 대응하고, 꼭 그러지 않아도 되는 문제에서는 공평을 따지는 경우가 더 많다. 아이들의 감정이 격양된 상태에서는 굳이 공평하게 판단하려고 애쓰지 말고 잠깐 휴식 시간을 갖는 것도 좋은 방법이다.

그런데 대부분의 부모가 머리가 하얘질 때 자주 쓰는 방법은 현기 엄마처럼 배우자를 소환하는 것이다. 아빠가 엄마를, 엄마가 아빠를 소환하는 것은 때에 따라 좋은 방법이다. 하지만 매번 상대

배우자에게 맡기고 "아빠에게 이른다" 혹은 "아빠는 몰라"처럼 뒤로 물러나는 모습을 보이면 아이들은 점점 부모를 신뢰하지 않게 된다. 그렇다고 상대 배우자가 반드시 현명한 해결책을 제시해주는 것도 아니지 않은가.

여기서는 현기 아빠의 태도 또한 문제가 된다. 아이 앞에서 엄마를 나무라며 갖고 싶은 것을 사주는 것으로 해결하는 모습은 아이가 엄마를 무시하게 만드는 요소로 작용한다. 이럴 땐 배우자를 존중하는 자세를 보여주면 좋다. "엄마는 뭐라고 하셨는데? 음, 그러면 아빠도 엄마한테 물어봐야 할 것 같아. 엄마랑 상의하고 알려줄게"처럼, 엄마의 의견을 소홀히 하지 않는다는 걸 아이에게 인식시켜주어야 한다.

내가 존중받는다고 느끼는 순간

가족 간의 존중은 백번 강조해도 지나치지 않을 만큼 중요한 마음가짐이다. 이것은 무엇보다 부모가 자녀에게 솔선수범해서 보여야 하는 기본 중의 기본이다. 가정 내에서는 서열도 필요하지만 그보다 중요한 것은 아빠와 엄마가 서로를 존중하는 모습이다. 아빠는 엄마를 존중하고 엄마는 아빠에게 감사를 표현하는 것! 그래야 큰아이를 형과 언니로서 존중하는 가족 분위기가 형성된다. 첫

째로서의 자부심을 느끼는 큰아이는 자연스럽게 동생에게 애정을 주고 배려하게 될 것이다. 간혹 외동인 경우도 다르지 않다. 부모가 서로를 존중할 때 자녀가 부모를 존중하고 자녀도 존중받는 아이로 자란다. 가정에서 존중을 바탕으로 한 상호 관계가 잘 이루어지면 학교에서도 친구를 존중하고 또 친구에게 존중받는 아이가 될 수 있다. 상담 시간에 아이들에게 자기가 존중받는다고 느끼는 순간이 언제였는지 물어보면 부모가 자기 이야기를 끝까지 들어주었을 때라고 말하는 경우가 많다. 존중의 첫걸음은 상대를 있는 그대로 인정하고 수용하는 것이다. 부모에게 인정받은 아이들은 자신을 소중하게 여길 줄 알고 자존감도 높다.

우리가 하는 상담의 최종 목표는 결국 행복한 나, 더불어 행복한 가족을 만드는 것이다. 내가 행복하기 위해서는 무엇보다 나의 가족이 행복해야 하고, 그러기 위해서는 가족 모두의 노력이 필요하다. 가족 구성원들이 서로를 존중하고 인정하는 '수용'으로 행복의 기초를 세워야 한다.

PART 2

부모가 알아야 할 아이의 마음

엄마가 행복해야 아이도 행복하다

일반적으로 결혼을 하고 아이를 낳으면 우리는 부모가 된다. 그중에서도 엄마의 삶은 힘들기 그지없다. 하루 24시간이 아이의 스케줄에 맞춰 돌아가고 아이를 위해 하루 종일 동동거린다. 그러다 보면 자연스레 '나라는 인간은 대체 뭔가'라는 생각이 들곤 한다. 이렇게 애를 쓰는데도 불구하고 다른 사람과 비교하면 나는 항상 모자란 것 같다는 느낌이 든다. 누구 하나 알아주는 사람이라도 있으면 좋겠지만 아무런 티가 나지 않는 육아는 끝이 없는 전쟁인 것만 같다. 그러나 남이 알아주지 않는다고 해서 결코 서운해할 필요는 없다. 남이 자신을 인정해주길 기다리기보다 나 스스로 내면의 나를 인정해주는 데 초점을 맞춰야 한다. 그저 나 자신이 나를 알아주면 된다. 나 자신이 애쓰고 수고했음을, 조금 부족하지만 노력하고 있음을 우리는 알고 있으니까.

엄마의 자존감이 높아야 아이의 자존감이 높아진다는 말을 들어본 적 있을 것이다. 부모가 아닌 한 인간으로서의 행복을 찾는 데도 자존감은 중요한 역할을 한다. 상담을 할 때마다 나도 내담자에게 거듭 강조하는 부분이지만, 어떻게 해야 엄마의 자존감을 높일 수 있는지 모른다는 대답을 들을 때가 많다. 엄마가 행복해야 할 이유, 엄마의 자존감을 높이는 방법에는 어떤 것들이 있을까.

나 자신을 인정해주자

생각보다 많은 엄마가 삶에서 행복을 느끼지 못하고 낮은 자존감으로 괴로워한다. 또 그중 대부분은 자신이 '완벽주의'에 '애정 결핍'이라고 토로한다. 완벽주의의 밑바탕에는 애정 결핍이 놓여 있는 경우가 많다. 완벽주의자 부모 밑에서는 완벽주의자 자녀가 만들어지기에 서로 행복해지기가 힘들다. 그러면 자존감이 낮아지고 자신감이 결여된다. 열등감도 자연히 찾아온다. 엄마는 그럴수록 자녀를 통해 부족한 부분을 보상받으려 자녀와의 관계에 지나치게 의존하게 된다. 모든 것을 챙겨주려고 하거나 어떤 일이 자기 뜻대로 되지 않으면 심한 좌절감을 느낀다. 아이가 나처럼 될까 봐 자꾸 아이를 다그치고, 나의 열등감을 보상받기 위해 아이를 닦달하게 되는 것이다. 아이가 행복해지길 바라며 애쓰고 살았는데 아이도 나도 행복하지 못하다면 이제는 방법을 바꿔야 할 때다.

언젠가 한번은 내담자인 엄마에게 자기 자신을 칭찬해보라고 했더니 처음에는 어색해하며 웃다가 이내 울음을 터뜨렸다. 아이에게 화를 내고 혼냈던 일, 더 잘해주지 못한 일에 대한 죄책감이 밀려온 까닭이다. 물론 누구나 몰라서 그랬거나 잘되기를 바라면서 아이에게 상처를 준 적이 있을 것이다. 하지만 그때는 그것이 나름의 최선이지 않았을까. 그렇다고 해서 노력하지 않은 것도, 엄마로서 최선을 다하지 않은 것도 아니었다. 그런 모습이 잘못되었음을, 아이에게 미안한 행동이었음을 인지했다면 앞으로 하지 않으면 될 일이다.

그동안 쏟은 나의 모든 수고와 노력이 헛되지 않았음을, 아이를 키우는 매 순간 내가 최선을 다했음을 인정하고 이해해야 한다. 누구나 엄마는 처음이다. 그런 모든 노력을 두고, 수고했다고, 잘했다고 칭찬해주자. 힐링은 멀리 있지 않다. 나를 올바르게 바라보는 것이 바로 힐링의 시작이다. 나에게 멋진 여행을 선물하는 것도 기분 전환에 좋겠지만 진정한 위로는 내가 나를 사랑하고 존중해주는 데서 시작한다.

부모의 자존감을 높이는 방법

부모의 자존감을 높이는 첫 번째 방법은 내 마음을 가만히 돌아보는 것이다. 아이를 키우면서 화가 나는 상황이 실은 아이의 문제가 아니라 그것을 바라보는 나의 마음에서 비롯했다는 것은 조금만 자세히 들여다보아도 알아차릴 수 있다. 지금 아이에게 화가 나거나 실망하고 있다면 어린 시절 상처받았던 나의 마음을 먼저 돌아보아야 한다. 그 마음을 모른 척 외면하지 말고 어렸을 때의 나 자신에게 위로의 말을 건네고 챙겨주어야 한다. 기특했다고, 수고했다고, 잘 참았다고, 고생했다고 쓰다듬어주는 것이다. 나라는 존재가 이 세상에서 얼마나 소중한 존재인지 알아차리고 더욱 아끼고 사랑해주자.

두 번째 방법은 부모와 아이로부터 독립하는 것이다. 자녀가 성인이 된 이후에도 부모를 원망하거나 의지하는 경우가 종종 있다. 이것은 자녀가 아직도 부모에게서 독립하지 못했다는 명확한 증거다. 부모의 그늘에서 벗어나 당당한 인격체로서 독립하려는 결심이 필요하다. 당연히 나의 자녀로부터도 독립해야 한다. 아이가 열 살 정도가 되어 스스로 하는 일에 성취감을 느끼는 시기가 오면 절대 자녀를 자기 삶의 중심에 두어서는 안 된다. 아이를 방치하라는 말이 아니다. 아이 관점에서 이해하고 공감하고 지지해주면서, 아이 스스로 시행착오를 겪으며 성장할 수 있도록 기다려주어야 한다는 뜻이다. 그래야 아이가 독립적인 온전한 인격체로 성장할 수 있다. 어쩌면 내 품에서 아이를 떠나보내는 느낌에 서운한 마음이 들 수도 있겠지만 이것이 바로 가족의 울타리를 더욱 단단하게 만들어가는 시작이다.

세 번째는 취미 생활을 하는 것이다. 무슨 거창한 취미가 아니라도 좋다. 세상에는 운동, 미술, 독서, 영화, 공예, 공부 등 다양한 취미 활동이 있다. 이왕이면 그중에서 관심이 가는 두 가지 이상의 취미를 가지고 일정한 목표를 세워서 도전해보라고 말하고 싶다. 이런 말을 하면 가끔 어떤 사람은 아이가 너무 어려서 시간이 없다고 하소연한다. 물론 아이를 키우면서 취미를 즐기기란 여간 어려운 노릇이 아니다. 그러나 시간이 없을수록 잠깐의 시간이라도 확보해야 한다. 엄마는 늘 24시간이 모자라지만 분명히 30분 정도의 여유는 만들어낼 수 있을 것이다. 그게 어렵다면 단 몇 분의 자투리 시간이라도 내어서 틈틈이 자기 자신을 위한 활동을 해보는 것이 좋다.

네 번째는 성공 경험 하기다. 아이들의 자존감을 높일 때 내가 강조하는 것이 바로 성공 경험이다. 어른이라고 해서 다르지 않다. 여기서 말하는 성공 경험은 화려하고 대단한 목표가 아니라 작은 목표를 하나씩 달성해나가는 소확행에 가깝다. 앞서 말한 취미 생활을 하면서 목표를 세워 하나씩 이루다 보면 어느 순간 스스로 뿌듯함을 느끼는 순간이 찾아온다. 그러다 보면 자존감 또한 더불어 상승할 것이다.

엄마가 행복해야 아이도 행복하다. 아이를 위해서 무엇이든 못 할 게 없다는 마음가짐이라면 자신의 행복을 위해 먼저 투자하는 것도 그리 어려운 일은 아니라고 믿는다. 엄마의 불안과 불행이 아이에게 그대로 전달되듯, 일상의 행복도 마찬가지다. 아이의 마음에 행복의 씨앗을 심으려면 지금 엄마의 마음밭에 행복이 자라나고 있어야 한다.

아이의 자존감 높이기

자존감이란 무엇일까. 자존감은 한마디로 자신이 사랑받는 존재이고 사랑받을 가치가 있으며 소중한 존재라고 여기는 것이다. 스스로 목표를 이뤄낼 수 있는 유능한 사람이라고 믿는 마음이기도 하다.

자존감이 높은 아이들은 문제 해결 능력이 뛰어나고 자기 효능감이 높은 사람으로 자란다. 다시 말해 자존감은 아이가 건강하고 독립적인 인격체로 성장하기 위해 꼭 필요한 요소라 할 수 있다. 그렇다면 이 자존감을 끌어올릴 수 있는 방법에는 무엇이 있을까?

하지 않아야 할 말과 해야 할 말

우리가 잘 알면서도 종종 간과하는 것은 아이가 부모의 거울이라는 사실이다. 아이의 자존감은 부모의 영향을 많이 받기에 부모의 자존감이 높은지 낮은지가 매우 중요한 요소다. 자존감이 높은 부모는 아이의 기질과 특징을 있는 그대로 받아들이고 강점과 약점을 포용하면서 자녀와 긍정적인 관계를 맺으려 노력한다. 그러므로 아이의 자존감을 향상하기 위한 첫 번째 관문은 부모 스스로 자신을 사랑하고 아끼는 사람이 되는 것이다.

그다음으로 중요한 것은 공감과 경청이다. 아이의 이야기에 진지하게 공감하고 경청해주는 부모가 몇이나 될지 모르겠다. 우리는 매번 바쁘고 힘들다는 핑계로 아이의 말을 대충대충 걸러듣거나 제대로 반응해주지 않는다. 아이의 이야기를 하나하나 경청해주면 아이는 자신이 존중받고 있다고 느끼고 스스로를 사랑하는 아이로 자라게 된다. 이때는 적절한 추임새도 필요하다. 아이와 대화하면서 "그래서 그때는 어떤 마음이 들었니?" 하고 묻거나 "맞아, 그게 맞는 말이야" 하고 적극적으로 호응해주면 대화 자체가 즐거워지고 더욱 풍부한 화제를 공유할 수 있다. 이런 방식의 대화는 자존감은 물론, 아이의 문제 해결 능력을 길러주는 데도 큰 도움이 된다.

말은 사람이라면 누구나 커나가면서 자연스럽게 할 수 있다고 생각하기 쉽지만 제대로 말하는 사람을 찾아보기는 어렵다. 아이와 대화할 때도 마찬가지로 제대로 말하는 것이 중요한데, 많은 부모가 이것을 잘 인지하지 못한다. 아이와 이야기할 때는 하지 않아야 하는 표현법이 있고 하면 좋은 표현법이 있다.

예를 들어 "음, 나는 이해가 안 되는데" "아니, 그건 틀렸어" 같은 식의 단정적인 말은 아이에게 부정적 감정을 전달한다. 이런 말을 자주 들으면 늘 남의 눈치를 살피는 아이로 자란다. 어떤 문제에 부딪혔을 때 쉽게 자신감을 잃고 의욕이 떨어지기 일쑤다. 누구나 짐작하겠지만 "똑바로 좀 해! 너는 그것도 못 해?"처럼 아이의 행동을 답답해하고 무시하는 표현은 그나마 있는 아이의 사기도 떨어뜨린다. 굳이 말로 표현하지 않고 아이 앞에서 한숨을 쉰다거나 한심하다는 눈빛을 보내는 것도 마찬가지다. 오히려 어떤 경우에는 이것이 말보다 더 심한 상처와 좌절을 주기도 한다.

이와 반대로 "괜찮아. 그럴 수 있어" "그럴 땐 이렇게 해보면 어떨까?"처럼 스스로 판단할 여지를 남기는 말은 아이가 자기 실수를 인정하고 다시 도전할 용기를 준다. 아이 나름의 노력이나 도전 과정을 그 자체로 칭찬하고 격려해주는 것이 중요하다는 뜻이다. 평소 아이에게 말을 할 때도 아이를 부모의 훈육 대상이나 미성숙한 소유물로 여기기보다 "바쁜데 도와줘서 고마워" "엄마한테 이거 가져다줘서 고마워" "집 안 정리를 도와줘서 고마워" 등 구체적으로 아이의 행동을 칭찬하고, 자신이 실수했을 때는 "아, 그런 거였구나. 오해해서 미안해" 같은 식으로 아이를 동등한 인격체로 대우하고 미안함을 표현해보자. 아이는 자신이 존중받고 있다고 느끼고 자존감을 키워나갈 충분한 동력을 얻을 것이다.

칭찬할 때도 구체적이고 세부적으로 칭찬하면 좋다. 만약 아이가 그림을 그렸다면 어떤 부분이 어떠해서 무척 생기 있어 보인다거나 이런 점은 정말 개성 있다고 콕 집어서 칭찬해보자. 부모의 구체적인 칭찬은 아이에게 뿌듯함을 느끼게 하는 최고의 방법이다. 때로는 존재 자체를 칭찬하는 말도 필요하다. 원래 모든 아이는 사랑스럽고 그 자체로 축복받은 존재이다. 대개의 부모도 아이가 어릴 때는 사랑스러운 눈으로 쳐다보고 아이의 얼굴만 봐도 행복하다고 느낀다. 애정 표현도 그만큼 쉽게 나온다. 그런데 아이들이 조금 크고 자기 생각을 주장할 때가 되면 그런 칭찬이 조금씩 줄어들기 시작한다. 그때의 아이도 지금의 아이도 당신이 사랑했던 아이 아닌가. 아이가 세상에 있다는 존재 자체를 칭찬하면서 쓰다듬거나 토닥토닥해주는 것은 사랑을 전달하는 최고의 표현법이 아닐 수 없다.

더불어 필요한 것은 독립심을 키워주는 것이다. 아이가 스스로 문제를 해결할 수 있도록 기다리고, 조금 더디고 다른 아이보다 더 많이 아파하더라도 믿음을 간직하고 온 마음으로 응원해주자. 만약 아이 혼자서 어려움을 느끼고 어찌할 줄 모르고 있다면 방법을 함께 고민해보면 좋다. 문제 풀이 자체를 대신해주기보다는 스스로 문제를 해결할 수 있도록 다양한 관점에서 함께 질문해서 원인을 파악하게 돕는 것이다. 이런 식의 도전과 성공 경험은 아이에게 성취감을 선물해준다. 물론 자기 효능감도 덩달아 올라간다.

자존감보다 가치 있는 유산은 없다

아이의 세계는 부모만큼이나 복잡하다. 아이는 자기 자신이라는 내적 세계뿐 아니라 가정과 학교라는 세계에서 늘 부딪히고 삐걱댄다. 그중 어느 한 영역에서만 자존감이 높을 수는 없는 노릇이고, 당연히 모든 세계가 조화를 이루며 일정한 영향을 주고받는다. 자신을 뿌듯하고 가치 있게 여기면서도 가정과 학교, 사회에서 두루 상대를 존중하며 지내는 마음가짐이 어쩌면 자존감의 완성에 가깝다고 말할 수 있을 것이다.

흙수저니 금수저니 하는 말이 자조 섞인 한탄처럼 유행하고 있는 세상이다. 그러나 나는 아이에게 자존감을 물려주는 것보다 더 가치 있는 유산은 없다고 생각한다. 그리고 여기에는 결코 값비싼 대가가 들어가는 것이 아니다. 서로를 격려하고 칭찬하는 간단한 방법만으로도 가능하다.

세상에
좋은 회초리는 없다

대부분의 부모 세대에게 '매'라는 것은 전혀 생소한 단어가 아니다. 우리의 부모 세대 또한 마찬가지다. 집에서 엄마 아빠에게 매를 맞고 쫓겨나 한참을 대문 앞에 서 있거나 학교에서 선생님에게 매를 맞고 혼나는 게 흔한 풍경이었다. '귀한 자식 매로 키운다' '매를 아끼면 자식을 망친다' 같은 옛말이 당연하게 받아들여지던 시절이었다. 그러나 매를 들어서 자녀 교육이 가능하다는 건 완전히 잘못된 상식이다. 만약 매로만 교육이 가능하다면 이 세상에 자녀 교육이나 부모 교육 같은 것이 왜 필요하겠는가. 때리고 맞으면 모든 문제가 풀리고야 마는 마법(?)은 옛날도 불가능했고 지금도 그렇다.

사실 체벌은 여전히 논란이 많은 뜨거운 주제이다. 그러나 나는 체벌이 행복한 가정을 꾸리는 데 가장 큰 훼방꾼이라고 단호하게 말하고 싶다. 내 자녀와 가정을 위해 절대로 해서는 안 되는 행동이 체벌이다. 실제로 체벌하고 나서 속이 시원했다는 부모나 매를 맞고 나서 부모에게 감사와 사랑을 느꼈다는 아이는 아직까지 단 한 번도 만나본 적이 없다. 또 체벌하고 나서 상담 시간에 당당하게 그 사실을 털어놓는 부모도 없었다. 이유는 정확히 모르지만 스스로 체벌이 자랑스럽거나 떳떳한 훈육이 아니라는 점을 느끼는 까닭이다. 사실 체벌에는 감정이 섞이기 마련이다. 그래서 체벌하고 나면 아이에게 더 미안해지고 스스로 죄책감이 드는 것이다.

체벌은 자존감을 무너뜨린다

우리가 체벌을 하는 이유는 체벌을 하면 아이가 빠른 순응성을 보이고 즉각적으로 문제 행동이 해결된다고 느끼기 때문이다. 하지만 체벌에 대한 88가지 연구를 메타 분석하여 조사한 엘리자베스 거쇼프Elizabeth Gershoff 박사는 체벌이 아이의 즉각적 순종을 이끌어낸다는 한 가지 장점을 제외하면 열 가지 이상의 단점을 가지고 있다고 이야기한다. 그중 몇 가지만 살펴보아도 체벌이 온당한 것인지 고민하기에 충분하다.

가장 눈에 띄는 단점은 아이가 부모에게 공포와 두려움을 느낀다는 것이다. 체벌을 당한 아이는 부모와 정서적으로 부적절한 관계를 맺고, 눈치를 보는 아이로 자라게 된다. 상대의 목소리 톤이 조금만 변하거나 평소 듣지 못한 소리가 들리면 쉽게 놀라거나 불안해한다. 부정적인 관계는 대화 부재라는 결과를 낳고 어린아이라면 분리불안 증세를 촉진하기도 한다.

또 다른 단점은 아이가 폭력성과 공격성을 그대로 학습해서 화가 나거나 감정 표현이 뜻대로 되지 않을 때 폭발하게 된다는 것이다. 폭력성은 쉽게 전염되고 대물림된다. 어느 순간 갑자기 폭력적으로 행동하는 아이를 보고 뒤늦게야 심각성을 깨닫는 부모도 종종 있다. 또한 힘의 논리를 경험한 까닭에 거꾸로 자기보다 힘이 세고 강한 사람에게는 부적절한 수용성을 띠기도 한다. 학교폭력 문제도 여기에서 비롯할 때가 많다.

그 밖에 체벌은 뇌 성장에도 좋지 못한 결과를 야기한다. 체벌을 당하는 아이들은 지능지수가 낮아지고 뇌 성장이나 뇌 건강에도 부정적인 영향을 받는다는 연구 결과가 보고되고 있다. 체벌을 당하는 아이는 그러지 않은 아이에 비해 반사회적인 행동을 저지르거나 정신질환을 앓을 확률도 높다.

마지막으로 체벌은 아이들에게 부정적 영향을 줘서 자존감이 낮은 아이로 성장하게 한다. 비단 체벌 대상인 당사자뿐만 아니라 형제가 부모에게 매를 맞는 모습을 보는 것만으로도 자존감 형성에 부정적 요소로 작용한다.

이렇듯 좋은 점보다 나쁜 점이 훨씬 더 많은 체벌을 그래도 해야 하느냐고 물으면 어떤 사람은 체벌보다 더 효과적인 방법을 찾을 수 없다고 항변하기도 한다. 그러나 일찍부터 체벌을 금지한 여러 나라의 경우를 살펴보면 이와 같은 주장은 납득하기 어렵다.

전 세계적인 상황을 살펴보면 1979년 스웨덴을 시작으로 이미 약 60개국이 부모의 자녀 체벌을 금지하고 있다. 스웨덴이 세계 최초로 가정 내 자녀 체벌을 금지했을 당시 그 나라 부모들의 절반 이상이 자녀를 체벌했다고 한다. 하지만 가정 내 체벌이 줄어들면서 학교폭력 문제와 청소년 비행 문제 등이 해소되었고, 이후 2000년대에는 체벌 비율이 한 자리 수로 감소했다.

우리나라에서도 학교 현장에서의 체벌은 금지된 지 오래이지만 가정에서의 체벌은 그동안 징계권이라는 이름으로 허용되고 있는 형편이었다. 우리와 가까운 일본의 경우 2020년부터 자녀 체벌을 금지하는 아동학대 방지법이 시행되었다. 전 세계적으로 친권자의 징계권을 법으로 보장해주는 국가는 우리나라와 일본뿐이었는데 우리나라만 유일한 국가로 남은 것이다. 이런 추세를 따라 우리나라도 각종 아동학대 사건 발생과 맞물려 법 개정안을 두고 찬성과 반대 의견이 팽팽하게 대립하다가, 2021년부터는 민법이 개정되어 친권자의 자녀 징계권이 폐지되었다. 이제 부모라 할지라도 자녀를 마음대로 체벌할 수 없게 된 것이다. 그런데 징계권의 법적

근거나 존재 유무를 떠나 근본적으로 가족 모두에게 더 좋은 환경을 만들어낼 방법은 없을까?

대화보다 좋은 매는 없다

진석이 엄마는 진석이의 마음을 이해하고 원하는 것을 들어주려 노력한다. 될 수 있으면 진석이에게 맞추고 따라주어서 주변에서도 좋은 엄마라는 평가를 많이 듣는다. 하지만 진석이가 엄마의 마음을 몰라주며 반항하고 어긋난 행동을 할 때, 특히 예의 없는 행동을 할 때면 화가 나서 매를 들게 된다. 진석이는 매를 맞고 나면 간혹 울다 잠이 든다. 그런 모습을 보면 진석이 엄마도 자괴감이 든다. 진석이 엄마도 어릴 적에 맞고 자란 기억이 있어 그게 얼마나 슬프고 아픈지 잘 알기 때문이다. 그래서 될수록 그러지 않으려 하지만 예의 없는 행동이나 거짓말을 할 때는 크게 혼을 내야 한다는 생각에 일부러 매를 드는 것이다.

그런데 최근에는 진석이가 중학생이 되면서 때릴 테면 때려봐라 하고 엄마에게 악착같이 대들어서 당황한 적이 있었다. 심지어 가족들이 보는 앞에서 자해를 해 응급실에 실려 가는 일이 발생하자 문제의 심각성이 절실하게 다가왔다. 무엇보다 이 모든 원인이 엄마인 자신에게 있는 것 같아 두려운 마음이 든다.

체벌에 자주 노출된 아이들은 '맞을 짓을 했다'라고 표현하면서 스스로를 부정적으로 평가하고 자신에게 벌을 주거나 혐오하는 말을 서슴없이 한다. 때로는 자신을 때리지 않으면 부모의 화가 풀리지 않을 것이라고 이야기하는 경우도 있다. 진석이 엄마는 상담실에 오면서 진석이에게 집에서 맞았다는 이야기를 상담 선생님에게 절대로 하지 말라고 신신당부했다. 진석이는 엄마가 원하는 대로 상담 중에 체벌에 관한 이야기를 하지 않았지만 스스로를 부정하고 자신감 없어 하는 모습, 부모를 죽이고 싶다고 표현하는 방식 등에서 체벌 받은 아이의 전형적 특징을 드러냈다. 나중에는 심지어 부모도 모르는 도둑질에 관한 이야기까지 털어놓았다. 이윽고 부모 상담 시간이 되어 내가 체벌 받는 아이들의 특징을 설명하며 진석이의 문제를 거론하자 진석이 어머니는 오랜 시간 아이를 체벌해온 부분을 인정했다. 다행히 지금은 아이가 무서워서 때릴 수도 없지만 스스로도 체벌을 자제하고 있다면서.

진석이는 매를 맞고 나면 순간은 말을 잘 듣는 것처럼 보였지만 그때뿐이었다. 다시 잘못을 저지르고 혼이 나는 악순환이 만들어지면서 감정의 골만 깊어졌고, 사춘기가 되면서 결국 엄마가 힘으로 아이를 이기지 못하는 상황에 이르렀다. 이 경우엔 무엇보다 무너진 신뢰를 회복하는 것이 가장 필요했다. 물론 더 이상 체벌을 해서도 안 되었다. 그 후 진석이 어머니는 화가 나는 상황에서 자신의 마음을 바라보면서 감정을 조절하고 차근차근 대화하는 법을 익혔다. 쉽지 않았지만, 작은 노력이 쌓이고 쌓여 점차 가족 간의 대화가 자연스럽게 이루어질 수 있었다.

이제는 당연히 더 이상 아이를 체벌해서는 안 되지만, 사실 체벌을 하면서도 아이를 사랑하지 않거나 아이가 더 잘되기를 바라지 않는 부모는 없다. 그런데 바로 그런 목적을 위해서라면 체벌보다는 대화가 훨씬 더 효과적이라는 사실을 깨달을 필요가 있다. 혹시 "말로 해서 안 들으니까 때리는 거 아닙니까"라고 항변하는 독자가 있을지도 모르겠다. 그러나 체벌의 장점인 즉각성 뒤에 가려진 실제 문제는 전혀 개선되지 않을 가능성이 크다.

부모는 아이를 1회나 2회만 키우는 게 아니다. 장기적인 안목으로 본다면 대화를 통해 부모 자녀 간의 신뢰를 쌓는 게 더 바람직하고 합리적이다. 희망적인 소식은 그 시간이 결코 생각보다 길지 않다는 것이다. 처음엔 대화하는 방법을 잘 몰라서 혹은 익숙하지 않아 힘이 들 수도 있지만, 조금씩 실천하고 나면 분명 이보다 더 나은 방법이 없다는 확신이 들 것이다. 그리고 어느 순간 자신을 믿고 기다려준 부모님께 감사함을 느끼는 아이로 성장한 모습을 보고 감격하게 될 것이다. 체벌을 멈추고 소통하는 찰나의 작은 변화가 행복한 가정으로 나아가는 소중한 한 걸음이라는 사실을 기억하자.

아이의 집중력이 걱정된다면?

내가 박사과정을 이수하면서 학기 중에 맡았던 연구 주제는 남성 갱년기 프로그램이었다. 남성 갱년기를 연구하려다 보니 여성의 갱년기와 부부의 특성도 같이 살펴보아야 했는데, 그때 접한 자료 중 재미있는 내용이 있었다. 바로 자녀의 대학 진학 결과가 중년기 부부의 행복감에 영향을 준다는 연구였다. 더욱 눈길을 끄는 점은 이것이 외국에는 없는, 우리나라 부모에게만 나타나는 특징이라는 거였다. 인기리에 방영되었던 〈SKY 캐슬〉〈일타 스캔들〉 같은 드라마를 통해서도 알 수 있듯이 우리나라의 교육열은 정말이지 대단하다. 통계청과 교육부가 공동으로 조사한 2022년 초·중·고 사교육비 총액은 자그마치 26조 원이다. 단순히 이것만 보아도 우리나라의 교육열이 얼마나 높은지 잘 알 수 있다.

우리나라 부모들은 자녀의 성적을 마치 자신의 성과처럼 느끼면서 모든 정성을 쏟아붓는다. 그러다 보니 공부에 영향을 미치는 집중력에 많은 관심을 가지고, 집중력을 높이기 위한 다양한 방법을 고심하기도 한다. 집중력에 도움이 되는 음식, 집중력을 높여주는 안마, 집중력에 좋은 운동이 화제가 되고, 주변에서 어느 아이가 효과를 봤다 싶으면 엄마들은 너 나 할 것 없이 그 상품이나 방법에 관심을 갖게 된다. 그중에는 '공부 잘하는 약'이나 '집중력을 높이는 약'도 있어 심심치 않게 기사화되어 등장한다. 그런데 이런 약은 사실 ADHD 처방약을 남용한 것으로, 부작용이나 위험성이 크다. 드라마 〈일타 스캔들〉에서도 학원에서 수업을 받던 학생이 갑자기 쓰러지는 장면이 나오는데, 그 원인이 바로 '공부 잘하는 약'이었다. 그럼에도 이 위험한 약을 심심찮게 복용하는 건 성적과 집중력 향상이 그보다 더 중요하다고 보기 때문일 것이다.

사실 집중력은 공부 이외에도 사람이 살아가는 많은 부분에 크나큰 영향을 미친다. 집중력은 원하지 않는 정보를 거르고 필요한 정보에 집중하는 능력을 말한다. 그러기 위해선 신경계에 도달하는 모든 자극을 인지하여 분류하고 선택해야 한다. 아이들의 일상은 생각보다 매우 바쁘게 돌아간다. 게다가 요즘에는 공부는 물론, 각종 취미나 사회활동 등 다양한 분야에 두루 능통해야 하는 현실이 되었다. 익히고 학습해야 할 정보가 넘쳐나는 까닭에 적절한 선택과 집중의 문제는 더욱 중요해져만 간다.

집중력은 사회성에 영향을 준다

주호: 어제 새로 나온 치킨을 먹었는데, 매운데도 맛있더라.

현성: 그래? 우리 집 오늘 치킨 먹는다고 했는데 그걸로 먹자고 해야겠다. 그 치킨 이름이 뭐야?

지한: 라면 먹고 싶다.

현성: 갑자기 무슨 라면이야?

지한: 너희는 라면에 달걀 넣어서 먹어 안 넣어서 먹어?

현성: 주호야, 치킨 이름이 뭐야?

주호: 응, 이번에 나온 스파이시 베이크 치킨이야.

지한: (화를 내며) 달걀 넣어서 먹냐고 안 넣어서 먹냐고!

현성: (지한이를 째려보며) 아, 진짜 짜증 나. 주호야, 이따가 게임할 때 들어올 거지? 그럼 이따 보자. 먼저 간다.

지한이처럼 친구가 치킨 이야기를 하고 있는데 그 말을 듣다가 갑자기 캠핑장에서 치킨과 함께 먹었던 라면이 떠올라서 라면 이야기를 꺼낸다면 어떨까. 아주 어린 아이들의 경우에는 서로 자기 이야기를 하면서 넘어가기도 하지만 조금씩 학년이 올라갈수록 주변에서 "갑자기 무슨 소리야?"라며 짜증을 내거나 무시해버리기 일쑤다. 대화의 흐름이 끊겨버린다고 느끼기 때문이다.

지한이는 수업 시간에도 가끔 엉뚱한 말을 꺼내 선생님에게 수업에 방해가 된다는 지적을 받기도 했다. 게다가 지한이는 엄마와 대화할 때도 느닷없이 다른 화제를 꺼낼 때가 많았다. 가끔은 지한이 이야기를 듣다가 다른 길로 새서 정작 하려고 했던 말을 놓치고 넘어갈 때도 있었다. 문제는 지한이가 요즘 들어 이런 상황을 자주 겪으면서 친구들이 자신을 싫어한다고 생각해 의기소침해지는 모습을 자주 보인다는 것이었다.

아이들의 집중력이 유지되는 시간은 생각보다 짧다. 2~3세 아이들은 7~9분, 4~5세는 12~14분, 초등 저학년은 15~20분 정도, 초등 고학년은 30분 정도이다. 주의집중력에 관련된 뇌 부위는 전두엽인데, 전두엽은 성인이 될 때까지 아주 천천히 발달하기에 아이들의 집중력 유지 시간이 길지 않은 것은 어쩌면 당연하다. 그럼에도 집중력이 필요한 이유는 집중력이 또래 관계나 대인 관계에서 중요한 역할을 하기 때문이다. 집중력은 학업뿐만 아니라 아이의 자존감과 연결되며 사회성을 기르는 데도 영향을 준다.

지한이처럼 대화 도중에 주제와 어긋나는 이야기를 하는 모습은 산만한 아이들에게서 자주 보이는 특징 중 하나이다. 모두가 A(치킨)를 이야기하고 있을 때 자기중심적으로 B(라면)나 C(달걀)를 떠올리고 타인이 자신의 이야기를 듣지 않았다는 사실에 기분

나빠하거나 상처를 받기도 한다. 조금 더 큰 아이들의 경우는 또래 관계를 맺는 데 어려움을 드러낸다.

지한이는 엉뚱해서 그런 것이 아니다. 상상력이 원체 풍부하고 다양한 생각을 하다 보니 브레인스토밍처럼 캠핑장에서 먹었던 치킨과 함께 라면과 달걀이 떠올라서 자연스레 이야기했을 뿐이다. 다만 중간에 이야기를 뚝 끊어서 하다 보니 완전히 다른 주제처럼 들리면서 공감이나 이해를 받기 어렵게 된 상황이다. 사실 자세히 살펴보면 이런 아이들은 사고가 유연하고 기억력도 좋다는 것을 알 수 있다. 브레인스토밍처럼 사방으로 뻗어나가는 가지를 잘 다듬어 정리해주면 오히려 그럴싸한 아이디어로 재탄생할 수도 있다. 그러므로 아이가 대화 흐름과 전혀 다른 이야기를 하고 있을 때 혼을 내기보다는 어떤 이유에서 그런 생각이 났는지 묻고 다시 원래의 주제로 돌아와서 마무리하는 연습을 해주는 것이 필요하다. 이것은 사회성 발달은 물론 자신의 생각을 정리해서 표현할 때도 꼭 필요한 부분이므로 꾸준히 연습하도록 하자.

탐색만으로 끝나버린 놀이 시간

"엄마 혼자 집에 가! 아직 다 못 놀았단 말이야."

"싫어, 안 갈 거야!"

지후의 목소리가 키즈카페에 쩌렁쩌렁하게 울려 퍼졌다. 지후 엄마는 "이제 놀이 시간이 끝났어. 다음 주에 또 와서 친구들이랑 재미있게 놀자, 알았지?"라며 화가 난 지후를 안고 달래가며 이야기했다. 그래도 지후는 울고불고하며 가고 싶지 않아 했고 결국 아이스크림을 사주는 조건으로 가까스로 집에 갈 수 있었다. 집에 와서도 지후는 거실에서 장난감을 가지고 놀고, 욕조에 거품을 풀어 물놀이를 하다가, 자기 전까지 블록놀이를 했다. 그런데 정작 자려고 자리에 누우니 시큰둥한 표정으로 "오늘 나 많이 못 놀았어" 하고 투정한다.

지후 엄마는 '아이니까 더 놀고 싶어서 그럴 거야'라고 이해하면서도 한편으론 의문이 든다.

'대체 얼마나 더 놀아야 놀았다고 생각하는 거지?'

이제 막 초등학교 학부모가 되면서 담임 선생님과 상담을 하고 왔는데 아이가 산만하다는 이야기를 듣고 온 참이라 이런 게 바로 산만함 때문인가 하는 걱정도 된다.

아이들의 상담은 대체로 미술이나 놀이를 매개로 이루어진다. 그러다 보니 아이들이 상담실에 가는 걸 키즈카페에 가는 것 정도로 받아들이기도 한다. 상담실 안에는 각종 피규어와 장난감뿐만 아니라 미술용품이나 보드게임 같은 놀잇감이 갖추어져 있다. 꽤 다양한 놀잇감을 자유롭게 가지고 놀 수 있는 데다 함께 놀아줄 선생님도 있어서 대체로 아이들은 상담실에 오는 것을 기다리고 또 좋아한다. 그래서 집에 갈 때 헤어지는 게 아쉬워 울거나, 어떤 아이들은 더 놀고 싶은 마음에 심통을 부리기도 한다. 물론 부모 상담 시간을 뺀 40분 정도의 짧은 놀이 활동은 분명히 아이들에게 아쉬움을 남길 수 있다. 하지만 일반적으로 놀이를 시작하고 마무리하는 데 큰 지장이 없는 시간이다. 그런데도 아쉽다고 말하는 아이라면 대체로 지후의 말처럼 정말로 아직 다 놀지 못해서인 경우가 많다.

제법 많은 장난감을 꺼내놓고 놀았는데 왜 놀지 못했다고 생각하는 걸까? 바로 탐색 위주의 활동만 했기 때문이다. 각각의 장난감이 가지고 있는 놀이방식을 습득하지 못한 경우, 아이들로서는 제대로 놀지 못하고 탐색만 하다 끝난 놀이 시간이 될 수 있다. 상담실에 있는 다양한 피규어를 보면서 이것도 궁금하고 저것도 궁금해 자꾸 관심이 가다 보니 결국 제대로 놀지도 못하고 시간이 다 되어버려서 아쉬움이 남는 것이다.

때로는 아이가 어느 하나의 장난감에 집중하고 있어도 정작 엄마가 아이에게 여러 가지 놀잇감을 권하기도 한다. 우리 아이가 다양한 놀잇감을 가지고 놀았으면 하는 바람에서다. 그런데 이러한 행동은 의도치 않게 아이의 집중력에 방해가 된다. 겉으로 볼 때는 활발히 활동한 것처럼 보이지만 결국엔 놀이 하나도 제대로 하지 못하고 끝나기 때문이다.

이런 모습은 상담실에서뿐만 아니라 가정에서, 더 나아가서는 친구들과의 놀이와 학교 수업에서도 흔하게 되풀이된다. 사실 요즈음 가정의 아이 방이나 놀이방에는 상담실에 있는 것과 비교할 수 없을 만큼 장난감이 많다. 엄마 아빠가 어릴 적에 충족받지 못했던 욕구를 떠올리며 자기 아이를 통해 대리만족하는 경우도 있고, 또는 꼭 필요하다고 생각되어서 사주다 보니 많아진 경우도 있을 것이다. 하지만 너무 많은 장난감과 놀잇감은 오히려 아이를 산만하게 만들 수 있다.

이런 경우 '주간 아이템'을 선정해서 제한적으로 가지고 놀 수 있도록 유도해도 좋다. 방법은 한 주 동안 다섯 가지 정도의 장난감만 제공하는 것이다. 잘 가지고 노는 아이템과 가지고 놀았으면 하는 아이템, 또 함께 시너지를 낼 수 있는 아이템 등 다섯 가지를 골라 아이의 눈높이에 맞춰 잘 보이는 곳이나 장난감 정리대에 놓아두고, 나머지는 보이지 않는 곳에 치운다. 그리고 그다음 주가 되면 아이가 잘 가지고 놀았던 것과 새로운 것들을 조합해서 마찬가지로 다섯 가지 정도를 골라 바꿔준다. 이렇게 놀잇감을 한정적으로 제공하면, 특정한 장난감을 다양하게 활용하거나 다른 장난감과 조합해 노는 등 창의력과 아이디어를 발휘해 놀이의 재미에 푹 빠질 수 있다.

집중력은 좋아질 수 있다

아이의 집중력을 높이기 위해서는 무엇보다 충분한 수면과 균형 있는 영양 섭취가 필요하다. 잠은 모든 에너지 활동을 위한 기본이며 동시에 아주 중요한 요소다. 수면이 뇌 발달 및 신체 발달, 정신과 정서 발달 등 모든 영역에 영향을 주는 만큼 양질의 충분한 수면은 꼭 체크해야 할 부분이다. 잠을 충분히 자지 못하면 뇌의 활동이 둔해지거나 도리어 예민해진다. 충분한 수면은 코르티솔을 분비하여 면역력을 강화하고 멜라토닌을 분비해 유전자 손상을 막아준다. 이와 반대의 경우 코르티솔 분비를 방해하여 질병을 유발하고 집중력을 떨어뜨린다. 또 평소 아침식사를 거르지 말고 식사 시 견과류, 해조류, 생선 등을 골고루 섭취하는 한편, 당분이 많은 음식이나 밀가루 음식을 피하는 것도 도움이 된다. 특히 유산균은 장건강뿐 아니라 뇌의 건강에도 영향을 미친다는 많은 연구 결과가 나와 있으므로 꼭 챙겨주면 좋다.

그 외에 안정감을 느끼는 환경을 만들어주는 것도 매우 중요하다. 간혹 아이가 너무 산만해 ADHD를 의심하고 상담센터나 병원에 방문하지만 정작 검사를 해보면 정서적 불안 상태라는 결과가 나와 놀라워하는 부모도 있다. 즉 불안이나 우울이 언뜻 산만한 태도로 느껴지기도 하는 것이다. 그렇다고 핀잔을 놓거나 혼을 낸다면 아이는 마음이 불안해져서 더욱 산만해지고 좀체 집중하지 못하게 된다. 그러므로 아이가 부모에게 사랑받고 있다고 느낄 수 있도록 안정적인 분위기를 만들어주는 것이 먼저다.

마지막으로 학업 향상을 목표로 집중력을 늘려야 할 때는 먼저 우리 아이가 얼마만큼 집중할 수 있는지 체크해보아야 한다. 수학 문제를 푸는 경우, 다섯 문제를 풀 때까지 집중력을 보인다면 다음에는 여섯 문제까지 집중해 풀 수 있도록 격려하면서 칭찬으로 강화하는 방법이 있고, 책을 읽는 시간이 5분 정도라면 7분까지 읽어보기 같은 방법으로 점진적으로 능력을 키워나갈 수 있도록 지도해주자. 집중력은 조금씩 늘려가며 꾸준히 쌓아야 몸이 기억하고 습관화한다. 절대 서두르지 말고 조금씩 늘려가야 한다.

집중력은 나이가 들면서 점점 더 좋아지므로, 아이가 조금 산만하다고 크게 문제가 되는 것은 아니다. 지적하고 혼내기보다는 목표를 설정하여 격려하고 칭찬하며 아이의 상태에 관심을 가져야 한다. 목표를 설정할 때는 작고 간단한 것부터 하나씩 달성할 수 있도록 이끌어주는 방식을 추천한다. 때로는 더디게 느껴질 수도 있지만 꾸준한 지도와 애정 어린 격려야말로 아이가 변화하고 성장하는 데 확실한 밑거름이 되어준다는 사실을 명심하자.

진짜 공감이 필요해

요즈음의 부모는 공감의 중요성을 너무나 잘 알고 있다. 많은 육아서와 부모 강의에서 강조하는 핵심 포인트가 바로 공감이기 때문이다. 사실 나도 상담할 때 많이 강조하는 부분이라서, 부모가 공감만 잘해주어도 아이들이 겪는 정서적 문제를 절반 이상 해결할 수 있다고 늘 이야기한다. 그만큼 공감은 관계에서 핵심적인 요소이다. 공감이 잘 이루어지면 정서적 안정감과 평안함, 안도감, 위로, 격려, 희망과 같은 다양한 긍정적 정서가 발생한다. 이런 정서가 쌓이면 관계에서 신뢰를 형성할 수 있고, 상대에게 필요한 존재, 함께 나누고픈 존재가 되는 것이다.

엄마에게 공감받고 싶어요

"아~ 그렇구나."

재성이 엄마는 요즈음 재성이가 하는 이야기에 귀 기울이겠다고 마음먹었다. 그런데 재성이는 엄마의 노력에도 불구하고 화만 낸다.

"제발, 그놈의 '그렇구나, 그렇구나' 좀 하지 마~!!!"

나름 아이의 감정을 이해해보려 노력하고 있는데 의외의 반응을 접한 재성이 엄마는 당황스럽고 서운할 따름이다. 재성이도 할 말은 있었다. 영혼이 1도 느껴지지 않는 엄마의 '그렇구나'는 화를 북돋을 뿐 조금의 위로나 격려도 되지 않았다. 결국 두 사람은 서운한 마음만 가득 품은 채 서로를 노려보다 각자의 방으로 들어갔다.

분명히 재성이 엄마는 공감하는 반응으로 '그렇구나'를 했고 재성이도 엄마에게 공감받고 싶어서 자기 이야기를 한 것인데 어떤 부분이 서로의 감정을 상하게 한 것일까? 재성이는 초등학생 때까지 엄마와 이야기를 잘 나누는 사랑스러운 아이였다. 그런데 중학생이 되고 나서부터 엄마와 대화가 많이 단절되었고 기본적인 생활 대화 이외에는 잘 나누지 않게 되었다. 재성이 엄마는 재성이가 어떻게 하면 예전의 사랑스러운 아이로 돌아올 수 있을지 고민에 고민을 거듭했다. 그러다 어느 날 본 육아서에서 공감의 필요성과 중요성에 대해 알게 되었다. 공감의 대표적인 표현이 '그랬구나'이고, 이렇게 대답하며 맞장구를 쳐주는 것이라고 배웠다. 그래서 아이에게 적용해 실천해보려 한 것이다.

물론 재성이 엄마는 훌륭한 엄마다. 아이에게 어떻게 하면 조금 더 좋은 부모가 될 수 있을지 고민하고 배우고 실천하는 것은 말처럼 쉽지 않다. 하지만 재성이 엄마가 놓친 부분이 하나 있다. 영혼 없는 리액션은 죽은 반응이나 마찬가지라는 점이다.

'그랬구나' 하고 반응하는 것은 아이의 말을 수용하고 전적으로 받아들이라는 의미에서 든 대표적인 예시이다. 더 간단하게는 '아이의 말에 집중하는 것'이라고 할 수 있다. 아이가 하는 말에 따라서 "어머나, 그랬어?" "세상에나, 괜찮아?" "그래서 어떻게 됐는데?" 등으로 적절히 반응하여 지금 엄마가 아이의 말에 귀 기울이고 있다고 느끼게 해주는 것이 필요하다.

그리고 여기서 또 하나 중요한 것이 있다. '그랬구나'라고 이야기하고 나서 곧바로 '그런데'라고 넘어가며 엄마의 생각을 강요하거나 아이가 말한 내용을 지적하고 한심하다는 반응을 보이는 것은 금물이라는 것이다. 만약 이렇게 되면 아이는 부모가 공감해준다고 느끼기보다 그저 (부모 자신의 생각을 강요하는) 영혼 없는 고집쟁이라고만 받아들일 것이다.

공감의 순서를 바꾸자

부모를 고집쟁이라고 느끼게 되는 데는 공감의 순서가 한몫을 한다. 공감하는 리액션이 어느 단계에 나오느냐에 따라 상대방이 느끼는 공감의 깊이에 큰 차이가 생긴다. 예를 들어 아이가 신나게 놀고 와서 숙제를 해야 하는데 피곤해서 하기 싫은 상황일 때를 가정해보자.

대개의 부모는 미적거리며 쉬지도 못하고 숙제도 늦어지는 상황이 답답해 보여서 "할 거 먼저 빨리 하고 쉬어라. 계속 숙제 때문에 신경 쓰고 쉬지도 못하고 그러고 있느니, 빨리 숙제를 하는 게 낫지 않겠어?"①라면서 재촉하게 된다. 그런데도 아이가 계속 못 들은 척 늘어져서 세월아 네월아 하는 모습을 보면 화가 나서 "앞으로는 숙제 안 하면 나가서 놀지 마! 내일까지 해야 하는 건데, 네 할 일도 못 하면서 뭘 나가서 놀아"②라고 소리를 지르고 만다. 결국 밤늦은 시간이 되어서야 숙제를 꾸역꾸역 하며 피곤해 하는 아이를 보고 있노라면 부모의 마음도 안쓰러워진다. 그래서 그제야 "너도 놀고 와서 하려니까 너무 힘들지?"③라고 공감의 말을 건넨다. 그러나 이때가 되면 아이는 기대와 달리 부모의 말에서 공감의 위로를 전달받지 못한다. 이미 핀잔과 지적으로 마음이 불편해졌고, 엄마의 강요에 의해 마지못해 숙제를 하는, 자기 할 일도 제대로 못 하는 아이가 되었기 때문이다.

간단히 이 순서만 바꾸어도 분위기는 많이 달라진다. "어머, 숙제가 있었구나. 놀고 와서 하려니까 너무 힘들겠다."③ "내일까지 해야 되는 거라 오늘 할 수밖에 없겠는데."② "그럼 빨리 하고 쉬는 게 좋겠는걸?"① 이런 식으로 순서를 달리해 말하면 아이는 부모가 자신의 힘듦을 알아주고 격려하며 배려해주고 있다고 느끼게 된다.

일반적 방식	3-2-1 방식
목표: 숙제를 먼저 하자.	공감: 놀고 와서 하려니 힘들지?
상황: 내일까지 해야 하는데.	상황: 내일까지 해야 하는데.
공감: 놀고 와서 하려니 힘들지?	해결 방안: 숙제를 먼저 하자.

나는 공감의 순서를 설명하기 쉽게 3-2-1 방식이라고 부른다. 대체로 부모는 제일 먼저 아이들에게 자신이 원하는 목표①를 말하고, 그런 다음 상황을 설명②하고, 공감③을 하는 방식으로 이야기한다. 그러다 보면 아이들은 부모가 자신의 목표를 강요하고 원하는 것을 얻기 위해 설득한다고만 생각한다. 이와 반대로 공감③을 먼저 하고 상황을 설명②하면서 이해시키고 해결 방안(목표)①을 제시하면 자녀와 소통하는 과정에서 많은 갈등을 줄일 수 있다. 이렇게 하면 아이들은 자기가 이해받았다고 느끼면서 부모가 나를 위해 좋은 의견을 제시해준다고 여기게 된다.

평소 부모로서 목표가 먼저 나오고 공감의 말이 마지막에 뒤따르는 이유는 자녀를 염려하는 탓이다. 부모는 자녀가 시행착오를 겪거나 어려움이 생길까 봐 좀 더 상황을 정확히 판단하고 제대로 해결하기를 바라는 마음이 크다. 그래서 이것은 누가 잘못했고, 어떤 점이 문제이고, 너는 어떤 점을 고쳐야 하는지 객관적으로 설명하려고 든다. 들어보면 다 맞는 말이다. 하지만 부모는 결코 판사가 아니다. 아이들이 부모에게 바라는 것은 객관적인 해결 방안이 아니다. 자기가 어떤 기분, 어떤 감정, 어떤 생각이 들었을지 공감하고 그 마음을 알아주길 원하는 것이다.

상담 중에 간혹 부모와 대화하길 거부하는 아이를 만나기도 한다. 이런 아이는 부모가 이래라저래라 간섭과 참견을 많이 해서 귀찮고, 부모가 원하는 대로만 나에게 요구하는 것이 싫어서 말을 하지 않는다고 털어놓는다. 때로는 부모가 쏟아내는 목표 지향적인 말이 듣기 싫어서 성의 없는 대답만 대충 하고 넘어가거나, 끈질기게 추궁하는 부모를 한심해하며 갈등을 빚기도 한다. 이런 일이 반복되는 것은 공감 없는 부모의 요구에 아이들이 상처받았기 때문이다. 아이의 말을 들어주고 공감하고 그 마음을 이해해주는 것만으로도 해결 방법은 아이들이 스스로 찾게 되어 있다.

딜을 하면 딜을 받게 된다

어릴 적 학교에서 상장을 받아 오면 엄마는 내게 짜장면을 사주셨다. 지금은 누구나 쉽게 먹을 수 있는 흔하디흔한 짜장면이지만 그때는 특별한 날에만 맛볼 수 있는 귀하고 맛있는 음식 중 하나였다. 그마저도 집안 형편상 상장을 받을 때마다 무조건 먹을 수 있는 건 아니었다. 그래도 상장을 받은 날에는 '혹시 오늘은 짜장면을 먹을 수 있지 않을까?' 하는 마음에 들떠 상장을 손에 들고 집으로 바삐 뛰어가던 기억이 난다.

아이들의 행동을 수정하고 좋은 방향으로 이끌기 위해서는 적절한 상과 벌을 활용하는 것이 필요하다. 아이가 노력했다는 사실을 인정해주는 것이 바로 칭찬과 격려라는 보상이다. 보상의 기쁨을 통해 아이들이 한 걸음 더 성장하는 것은 물론이다. 그러나 딜deal(거래)은 이와 조금 다르다. 딜이란 부모가 원하는 것을 들어주는 대신 대가를 얻는 명백한 거래이기 때문이다.

딜은 달콤한 위험이다

나는 부모 상담 때 "딜을 하면 딜을 받게 됩니다"라고 자주 이야기한다. 자녀의 행동을 교정하는 것은 생각보다 힘들고 어려우며, 많은 시간이 필요한 일이기도 하다. 그러다 보니 갈등을 쉽고 빠르게 해결하기 위해 딜을 하는 경우가 흔하다. 처음에는 자녀가 여기에 순순히 따라주고 결과도 금방 나오니 부모도 이 달콤한 유혹에 빠지기 마련이다.

하지만 딜이 계속되면 아이는 이제 딜 없이는 부모가 원하는 행동을 하지 않게 된다. 오히려 부모에게 딜을 하는 경우도 발생한다. 또 딜의 규모가 점점 커지면서 서로 딜을 조율하는 과정에서 다툼이 발생한다. 처음에는 좋아하는 음식과 갖고 싶은 물건 사주기, 가고 싶은 곳에 같이 가기 등으로 거래가 쉽게 성사되지만 욕심은 결코 채워지지 않는다. 딜이 계속될수록 값비싼 물건이나 터무니없는 요구가 등장하게 되어 있다. 만약 부모가 자기 제안을 들어주지 못한다고 하면, 그런 것도 못 해주는 부모라 탓하며 부모의 요구를 들어주지 않겠다고 당당히 거절한다. 예를 들어 학교에 자주 빠지는 아이에게 학교에 빠지지 않는 조건을 걸고 원하는 핸드폰을 사주고, 학교에 빠지면 핸드폰을 압수하겠다는 딜을 했다고 생각해보자. 핸드폰을 받은 아이가 며칠 뒤 학교에 빠지는 상황이 발생하자 부모는 당연히 핸드폰을 압수했다. 하지만 그 후에 아이가 딜을 걸었다. 오후 학원 스케줄이 있는데도 학원에 가지 않으면서 압수한 핸드폰을 돌려주어야만 학원에 가겠다고 선언한 것이다. 마침 아이의 시험 기간이라 부모는 급한 마음에 다시 핸드폰을 내주었다.

이런 딜은 굉장히 흔하다. 친척들이 모이는 가족행사에 참석하면 용돈을 올려주겠다며 아이와 실랑이를 하고, 비싼 브랜드 옷을 사주는 조건으로 과외를 받고 숙제를 하게 한다. 작은 딜이 계속 오가다 보면 부모와 자녀 간의 모든 생활이 딜이 되기도 한다. 이제 부모로서는 딜이 없이는 용돈을 주는 것도, 필요한 것을 사주는 것도 아까워진다. 이런 사정은 아이도 마찬가지다. 딜이 없으면 어떤 것을 하든 쓸모가 없고, 자기가 당연히 할 일도 미리 해봐야 손해만 본다고 여기면서 기필코 딜을 하려고 애쓰게 된다.

생각해보자. 처음엔 아이가 좋은 방향으로 행동하기를 원해서 시작한 딜일 것이다. 문제는 이런 딜이 계속되면 자녀가 조금씩 헷갈려 한다는 것이다. 그러다 부모가 온전히 나를 사랑하는 게 아니라 자신들이 원하는 모습일 때의 나만 사랑한다고 느끼게 된다. 혹시라도 부모 마음에 들지 못하는 자신의 모습이 부정당하는 것 같다고 느껴지면, 스스로의 존재 가치와 함께 부모의 사랑을 의심하는 마음이 싹트는 것이다. 처음에는 달콤한 꿀 같았던 딜이 어느 순간부터 조율을 하며 진을 빼야 하는 말싸움이 되면, 서로 되고 안 되고를 따지느라 에너지를 소진한다. 이런 실랑이는 생각만 해도 참으로 피곤하고 지치는 일이다.

격려가 조건이 되어서는 안 된다

그럼 딜을 하지 않고도 자녀를 올바른 방향으로 이끄는 방법은 있을까? 언뜻 성의 없는 대답처럼 들릴지 모르지만, 해결 방법은 간단하다. 자녀가 자기 일을 잘했을 때 칭찬해주는 것이다. 아마 거의 모든 부모가 자녀가 잘했을 때는 진심으로 격려하고 칭찬해줄 것이다. 사실 이것만으로 이미 충분하다. 그런데 기쁜 마음에 과도한 칭찬을 하고 물질적으로 보상해주면서 다음에도 또 그러기를 바라는 마음이 생기면 조건이 따라붙는다. 때에 따라 격려의 의미로 선물이나 아이가 원하는 것들을 해주는 게 나쁘지는 않다. 하지만 이것이 '조건'이 되어서는 안 된다. 언어적 칭찬과 비언어적인 리액션이면 충분하다. "잘했어~ 훌륭해! 힘들었을 텐데 정말 기특하다"라고 말하며 아이가 애썼을 부분을 헤아려주면 된다. 다만 여기에 진심이 담겨 있어야 한다는 점은 꼭 기억하자.

물론 이런 칭찬이 아이들을 눈에 띌 만큼 빠르게 변화시키는 것은 아니다. 오히려 더디고 답답하게 느껴질 때가 많을지도 모르겠다. 하지만 아이들은 실수하고 실패하면서 성장해야 비로소 변화한다. 부모라면 이 과정을 진득하게 기다리고 버텨주어야 한다. 기다림은 결코 쉽지 않다. 힘들고 지치는 일이다. 자녀들이 실수하고 실패할 때 부모로서 지켜보는 것이 힘들고 답답해서 참을 수 없을 때가 많다. 앞으로 어떻게 될 것이라는 보장도 없는 막연한 기다림은 누구라도 견디기 힘들 것이다. 그래서 기다리지 못하고 냉큼 딜을 하려는 마음이 싹튼다.

중요한 것은 "무조건 잘될 거야"가 아닌 "잘 안될 수도 있지만 한번 해보자" 하는 격려의 마음으로 지켜봐주는 자세이다. 부담감을 내려놓아야 한다. "맞아, 힘들지. 이게 생각보다 어렵다. 그치? 그럼 이렇게 해보아도 좋을 것 같아" 하며 아이의 마음을 알아주고 방향을 넌지시 알려주며 아이가 스스로 해낼 수 있도록 힘을 실어주어야 한다.

헛되이 가는 시간은 없다. 언젠가는 아이가 해낼 것을 의심치 않는다는 믿음을 주면, 부모가 격려하며 믿고 기다려준다는 느낌을 받으면, 아이는 변한다. 부모는 그 시간을 기다리고 버텨야 한다. 나는 바로 이것이 부모의 역할이자 사랑이라고 생각한다.

스마트폰과의 전쟁에 임하는 자세

스마트폰은 오늘날 우리와 떼려야 뗄 수 없는 필수품이 되었다. 스마트폰을 사용함으로써 얻을 수 있는 장점은 굉장히 많다. 통화와 메시지 보내기 같은 기본적인 기능은 말할 것도 없고, 장보기부터 은행 업무, 알림 설정 등 웬만한 일은 작은 스마트폰 하나로 모두 가능하다. 그뿐인가. 온갖 게임과 영화, 유튜브도 정신을 쏙 빼놓기에 충분하다. 당연히 많은 아이들도 스마트폰을 사용한다. 이제 연령에 상관없이 각자의 필요에 따라 스마트폰을 이용하는 시대인 것이다.

그런데 문제는 스마트폰이 새롭고 자극적인 흥미를 계속해서 제공한다는 점이다. 어린아이의 경우 이럴수록 더욱 스마트폰에 집중하게 되고, 이렇게 얻는 자극에 익숙해지면서 점차 스마트폰에 중독된다. 아직 두뇌가 완전히 발달하지 않은 아동·청소년이라면 중독은 더욱 심해질 수 있다.

스마트폰이 초래하는 문제들

스마트폰은 실제 세상보다는 가상현실의 관계 맺음에 더욱 근접해 있다. 게임중독이나 사이버폭력이 문제가 되는 것도 이 때문이다. 스마트폰에 중독된 아이는 실생활에서 관계를 맺고 정서적으로 교류하는 데 어려움을 느끼며 감정을 표현하는 것도 불편해한다. 또 역설적으로 스마트폰에 빠져들수록 거꾸로 외로움과 고립감에 시달려서 2차적 심리 문제를 호소하기도 한다. 늘 스마트폰을 하느라 학교와 학원에 늦고, 숙제를 하지 않거나 약속 시간을 지키지 못하는 등 생활상의 문제도 발생한다. 이 밖에도 ADHD 발병을 촉진하거나 기존 증상이 악화한다는 연구 보고가 나와 있기도 하다. 심지어 스마트폰 사용으로 인한 교통사고도 늘어나는 추세다. 스마트폰 사용이 원인인 교통사고 가운데 10대와 20대의 사고율이 가장 높고, 그중 대부분이 등하교 시간대에 집중되어 있다고 한다.

스마트폰이 인체에 주는 영향도 상당하다. 스마트폰을 장시간

같은 자세로 사용하다 보면 눈을 덜 깜박이게 되어서 안구건조증이나 손목터널증후군, 거북목증후군을 유발한다. 또 자극적이지 않은 현실에 무감각해지고 오로지 강한 자극에만 반응하는 팝콘브레인이 될 수 있다. 스마트폰에서 나오는 블루라이트로 인한 수면의 질 하락, 불면증 같은 수면 장애가 동반되기도 한다. 스마트폰을 사용하면서 무의식적으로 음식물을 섭취하는 사람에게서 자주 발생하는 비만 또한 문제가 된다.

영유아의 스마트폰 사용은 더욱 큰 문제이다. 미국 보스턴대학교 연구팀은 생후 30개월 이하의 영유아가 스마트폰에 자주 노출되면 행동발달과 자기조절력, 수학과 과학적 사고력 증진에 방해가 될 수 있다고 경고한다. 출생 후 36개월까지는 아이들의 뇌가 급격하게 발달하는 단계이므로 외부의 자극에 취약해 중독 가능성도 그만큼 커지고 두뇌 발달에 좋지 않은 영향을 준다는 것이다.

이로 인한 사회정서 발달도 영향을 받을 수밖에 없다. 특히 4~7세 아동의 경우 우뇌가 발달하는 시기인데 스마트폰이 주는 일방적이고 반복적인 자극이 좌뇌만 자극함으로써 상대적으로 우뇌의 기능 발달을 떨어뜨린다. 좌뇌와 우뇌가 고르게 발달하지 않으면 정보처리 능력에 문제가 발생한다. 우뇌는 집중력과 사회성, 공간지각, 문장 이해력 등의 사회정서적 기능을 담당하고 있다. 즉 우뇌 발달 저하가 아이들의 사회생활에 많은 문제를 불러올 수 있다는 뜻이다.

신체 성장 발달 저하도 눈에 띄는 악영향 중 하나이다. 스마트폰에 익숙해진 아이들은 주로 앉아서 손가락만 사용하므로 뛰거나 움직이는 활동에 소극적일 수밖에 없다. 따라서 대근육과 소근육 발달이 지연되고 고른 신체 성장에 좋지 않은 영향을 받는다. 이 밖에 언어 발달 지연과 학습장애도 종종 보고된다.

자녀의 스마트폰 사용을 막을 수 있을까

그렇다고 무작정 스마트폰을 사용하지 못하게 할 수 있을까? 실제로 우리 주변에는 스마트폰 사용과 관련해 부모 자식 간에 원치 않는 다툼과 큰소리가 오가는 경우가 더러 있다.

아이들에게 스마트폰을 도중에 사용하지 못하게 하면 대부분 불안, 초조, 짜증, 분노 등의 감정을 드러낸다. 평소 굉장히 얌전했던 아이도 스마트폰을 빼앗기거나 사용하지 못하게 되는 상황에서는 곧장 울음을 터뜨리거나 극도로 화를 낸다. 이때는 아이들도 스스로 감정 조절이 잘 안되는 상황이므로 즉각적인 맞대응은 자제하는 편이 좋다.

아이들이 스마트폰을 많이 하고 또 계속하게 되는 이유는 결코 자제력이 부족해서가 아니다. 디지털기기를 개발하는 수많은 전문가들은 지금 이 순간에도 사용자들의 인내심과 자제력을 허물기 위해 어마어마한 노력을 쏟아붓고 있다. 여러 매체를 활용한 대대적인 광고 공세도 펼쳐진다. 때때로 세상은 오늘날 스마트폰을 하지 않으면 시대에 제대로 적응하며 살아갈 수 없다고 세뇌하는 것만 같다. 이런 상황에서 어떻게 우리 개인이, 특히 아이들이 스마트폰에 빠져들지 않을 수 있겠는가. 이때는 혼을 내거나 무조건 못 하게 강제하기보다는 먼저 아이들의 세상을 이해하려는 노력이 필요하다.

이제는 어떻게 사용하느냐가 중요하다

아이 세대는 부모 세대와는 다르다. 예전에는 이제 그만 집에 들어오라는 엄마의 호통이 들려올 때까지 또래 친구들과 흙바닥에서 뒹굴며 땅을 쓸고 다니고, 각종 놀이를 하면서 즐겁게 어울려 놀았지만, 지금의 어린이들은 함께 스마트폰 게임을 하면서 즐거워하고, 그러면서 또래 관계를 형성한다. 변변한 놀 거리가 없었던 부모 세대와는 분명히 여러 상황이 달라졌다. 만약 부모 세대가 어렸을 때 컴퓨터와 스마트폰이 지금처럼 보급되어 있었다면 어떨까. 아마 부모가 느끼는 자녀의 스마트폰 사용에 대한 인식도 분명히 지금과는 달랐을 것이다.

완벽하게 단절할 수 없다면 적절한 활용을 고려해야 한다. 스마트폰을 현명하게 사용하기 위해서는 아무래도 미리 사용 시간을 정해놓는 편이 도움이 된다. 처음부터 스마트폰 사용 시간을 정해서 규칙으로 받아들이게 하되, 게임을 할 경우에는 시간을 정하기보다는 횟수를 정해서 반드시 지키도록 습관을 들이는 것이 중요하다. 또한 잠들기 한두 시간 전에는 웬만해선 사용하지 않는 편이 좋다. 잠자리에서 스마트폰을 사용하는 것 역시 아이의 성장과 쾌적한 수면을 위해서 피해야 한다.

여기에는 온 가족이 모두 동참하는 것이 좋다. 가족이 스마트폰을 한데 모아두는 바구니를 만들어놓고, 사용하지 않는 시간에는 이 바구니 안에 넣어두는 것이다. 이렇게 하면 '왜 나만 못 하게 해?'라며 혼자만 불합리하다고 느끼는 감정 발생이 원천적으로 차단된다. 또 부모가 먼저 모범을 보이면 아이도 자연스레 따라 하게 된다.

어쩌면 교과서적인 이야기에 불과할지도 모르겠지만, 이에 앞서 가장 중요한 것은, 부모와 자녀가 상호 신뢰를 쌓는 것이다. 먼저 아이가 스스로 자제하는 마음을 낼 수 있도록 동기를 부여해야 한다. 강압적으로 혼내거나 스마트폰을 부수는 식으로는 절대 스마트폰 과다 사용을 막을 수 없다. 하지만 부모의 이해와 공감, 그리고 신뢰가 전제되면 아이는 분명히 변하며, 또 변하고 싶어 할 것이다.

다시 한 번 강조하자면 스스로 사용 시간을 조절할 수 있도록 격려하고 동기를 부여해주는 것이 핵심이다. 스마트폰의 위세는 당분간 쉽게 사그라지지 않을 테고, 오히려 우리 생활에 더욱 깊이 자리 잡을 가능성이 크다. 그야말로 이제는 어떻게 현명하게 사용하느냐가 더욱 중요해진 시점이다.

새학기증후군
이겨내기

방학이 끝나고 이제 곧 학교에 다시 등교할 시기에 아이들이 겪는 대표적인 어려움이 있다. 바로 새학기증후군이다. 나름대로 자유로운 방학 생활을 누리다가 얼마 안 있으면 정해진 스케줄에 맞추어 움직여야 한다고 생각하니, 나름의 급작스러운 환경 변화가 때로 굉장히 큰 심리적 부담감으로 작용하는 것이다. 사실 어른들도 마찬가지다. 연휴나 주말이 끝나고 다시 출근할 생각을 하면 부담부터 느끼게 되는 것이 인지상정이다. 새학기증후군은 쉽게 말해 아이들의 월요병과도 같다.

아이는 어른보다 이런 스트레스에 취약하다. 그래서 일단 스트레스를 받으면 이런저런 불안한 감정이 뚜렷한 신체적 증상으로 나타나기도 한다. 배와 머리가 아프다고 호소하거나 구토를 하는 아이도 있다. 부모로서는 아이가 몸이 아프다고 하면 굉장히 당황하고 걱정도 많이 된다. 간혹 책임과 의무를 다하지 못했다는 자책감에 휩싸여 자신을 원망하는 부모도 더러 있다. 물론 이와는 반대로 아이가 아무리 아프다고 말해도 꾀병 부리지 말라고 몰아세우는 부모도 있을 것이다. 실제로 새학기증후군으로 인한 신체적 증상은 언뜻 꾀병처럼 보이기도 한다. 그러나 순간적인 통증을 느끼는 것은 사실이고, 이를 두고 만약 꾀병이라고 다그치기만 한다면 증상은 더욱 악화할 뿐이다. (이럴 땐 본문 146쪽에 있는 체크 리스트를 활용한다면 도움이 될 것이다.)

새학기증후군은 본질적으로 아이들이 지금의 학교생활에 만족하는지 혹은 그렇지 않은지를 보여주는 지표와 같다. 통계청에서 중·고등학교에 재학 중인 학생들을 대상으로 학교생활 만족도를 조사했는데, 2018년에는 58퍼센트, 2020년엔 59.3퍼센트로 점차 개선되는 듯 보였으나 코로나 팬데믹 이후는 조금 달랐다. 2022년 말에 발표된 '2022년 사회조사 결과'에서는 학교생활에 만족하는 학생들의 비율이 51.1퍼센트로 2년 전보다 8.2퍼센트포인트 감소했다. 코로나로 인해 학교생활에 단절이 생기고 또래 관계에 어려움이 커지면서 학업에 흥미를 잃고, 체력적으로 피로도가 커져 학교에 가는 게 부담스러워진 것이 주원인이다.

공감과 믿음이 이끄는 변화

아이가 새학기증후군을 호소하면 무조건 윽박지르고 화를 내기보다는 먼저 아이의 마음을 이해하고 불편한 감정을 가만히 들여다보아야 한다. 뭐니 뭐니 해도 가장 중요한 것은 부모의 공감이다. 불안해하는 아이에게 "엄마도 어렸을 때 학교에 가기 싫었어. 너 혼자만 그런 생각을 하는 건 아니야" 하고 안심시켜주면 좋다. 아이는 부모가 나의 마음을 알아준다고 인지하는 순간 자신도 모르는 사이에 스트레스를 이겨낼 긍정적인 힘을 얻게 된다.

이보다 좀 더 적극적인 방법은 방학 기간이 얼마 남지 않았을 때 미리 학기 중과 비슷한 일정으로 일과표를 짜서 생활 리듬의 변화를 몸이 먼저 받아들이도록 하는 것이다. 이렇게 하면 개학과 함께 다가오는 급작스러운 느낌이 덜하고 바뀐 일과에 순차적으로 적응하게 되므로 스트레스를 적잖이 완화할 수 있다. 개학을 했다고 하루 만에 너무 큰 변화를 겪으면 신체적으로도 정서적으로도 부담이 갈 수밖에 없다. 규칙적인 수면과 식사, 휴식 등 리듬감 있는 생활을 몸에 익히게 하면 아무래도 학교생활에 적응하는 데 도움이 된다.

아이가 학습과 학교생활에 흥미를 느낄 수 있도록 도와주는 것도 필요하다. 새 학기에 수업에 대한 부담감이 느껴지는 것은 당연하다. 이전 학년보다 공부의 깊이가 더해지고 학습할 분량도 훨씬 늘어나기 때문이다. 공부가 재미있다는 느낌을 받을 수 있도록 작은 과제 하나를 완성하더라도 충분히 또 구체적으로 칭찬해주면 아이가 앞으로의 학교생활에 기대감을 품는 데 많은 도움이 될 것이다.

이것은 아이의 자립심을 키워주는 데도 매우 효과적인 방법이다. 주어진 일을 해결했을 때 부모에게 칭찬을 받으면, 이런 경험을 통해 아이가 자기 스스로 문제를 해결할 수 있다는 자신감을 얻는다. 마음가짐이 달라지면 매사에 긍정적이고 능동적으로 임할 수 있다. 새 학기에 받을 스트레스도 충분히 도전해서 이겨낼 만한 과제라고 생각하게 되는 것이다. 부모에게 얻는 공감과 긍정적인 기대가 아이를 춤추게 한다는 사실을 꼭 잊지 말았으면 좋겠다.

새학기증후군 체크 리스트

- ☐ 짜증과 화를 자주 낸다.
- ☐ 학교생활에 관해 이야기하는 것을 꺼린다.
- ☐ 아침에 잘 일어나지 못한다.
- ☐ 식사량이 눈에 띄게 줄어든다.
- ☐ 하교 후 평소보다 피곤해한다.
- ☐ 학교에 가고 싶지 않다고 자주 말한다.
- ☐ 등교 전 두통이나 복통을 호소한다.
- ☐ 일어나지 않은 일을 미리 불안해한다.

새학기증후군은 10명 중 3명 정도의 아이들이 겪는 증상이며, 수줍음이 많고 감성적인 아이에게서 발생할 확률이 더 높다. 위의 체크 항목 중에서 5가지 이상이 해당한다면 새학기증후군이라고 의심해볼 수 있다.

행복한 완벽주의자는 없다

아이들이 자주 쓰는 유행어 중에 '이생망'이라는 게 있다. "이번 생은 망했어"의 줄임말로, 대체로 커다란 실망감에서 비롯된 표현이다. "나는 노력해도 할 수 없어" "어차피 기대에 못 미쳐" "잘되지 않을 거야" 같은 자포자기식 한탄과 비슷하다고도 볼 수 있다. 실망감과 포기를 나타내는 또 다른 유행어가 '흙수저'다. 어떻게든 잘해보려 노력해도 빈익빈 부익부의 틀을 깰 수 없고, 나 홀로 발버둥 쳐봐야 태생적인 조건을 이길 수 없다는 좌절이 담겨 있다. 우리가 당연히 누려야 하는 기본적인 삶의 기회를 박탈당하고 스스로 포기하게 만드는 사회 속에서, 어느새 아이들마저 노력 무용론에 물들어가고 있는 것만 같다.

그래도 부모라면 자녀의 성공을 기대하는 것이 인지상정이다. 남들도 다 하는데 우리 아이만 하지 못하면 부모는 조바심이 난다. 뒤처질까 봐 무섭고, 영영 따라가지 못할까 봐 염려된다. 자녀가 늘 조금 더 노력하기를 바라고, 내심 완벽한 결과를 만들어내기를 기대한다. 자녀가 시험에서 100점을 맞았을 때는 기뻐하며 칭찬하지만, 99점을 맞으면 놓친 1점이 아까워서 서운해하기도 한다. 이럴 때 자녀는 어떤 마음이 들까? 99점의 노력을 알아주지 않는 부모에게 실망하고, 완벽하지 못한 자신을 미워하며 고통스러운 내적 좌절을 반복할 가능성이 크다.

간혹 상담 중에 어떤 부모는 아이가 시험 점수 100점을 맞아 와도 자신은 거기에 크게 반응하지 않는다고 이야기한다. 아이가 완벽주의 성향으로 자랄까 염려되어 애써 결과에 연연하지 않는 모습을 보이려는 것이다. 그러나 100점을 맞은 건 당연히 칭찬받아야 할 일이고, 기특한 게 맞다. 그러니 굳이 아이의 노력과 성취를 외면할 필요는 없다.

설령 100점이 아니라고 해도 마찬가지다. 자녀가 시험에서 받은 점수가 90점이든 80점이든 70점이든, 아이가 노력한 부분은 정확히 칭찬하고 아쉬운 점에 관해 이야기를 나눌 수 있어야 한다. 90점도 80점도 70점도 무조건 잘했다고 칭찬하라는 말이 아니다. 어떤 부분에서 노력했는지 잘 알아주고, 아쉬웠던 부분에 관해 이야기하면서 다음번에 더 의욕적으로 시도할 수 있도록 격려하는 것이 관건이다. 아이에게는 앞으로 더 나아갈 수 있는 동력과 응원이 필요하다.

완벽한 부모와 완벽한 아이

물론 이러한 격려는 생각보다 어렵다. 특히 부모 자신이 모든 것을 완벽하게 해내라고 요구받고 자란 경우라면 더욱 그럴 것이다. 부모의 대리만족을 위한 아바타로 성장한 터라 완벽주의 성향이 강하고, 부모의 기대에 어긋나면 큰 죄를 지은 것처럼 죄책감에 빠지고, 자기 자신을 자책하며 잘해내기 위해 무던히도 애를 써왔기 때문이다.

간혹 상담 중에 자녀에게 실망해서 "그렇게 할 거면 하지 마" 혹은 "하기 싫으면 그냥 다 그만둬"라고 거칠게 내뱉는 부모를 보게 된다. 그러나 이 말은 실제로 "이제 그만두라"는 게 아니라, "한 가지라도 못한 부분이 있으면 다 망한 거니까 그만하라"는 억압적인 강요로 들린다.

때로 부모가 원하는 요구에 맞춰 주어진 일들을 잘 해내야 한다는 부담감은 아이들을 주저하게 만든다. 예를 들어 학교 미술 시간에 만들기를 완성하지 못하고 집으로 가져오거나, 간혹 새로 하겠다며 부숴버리는 아이들이 있다. 조금만 선이 삐뚤어지거나 실수해도 망했다고 찢어버리기도 한다. 처음부터 끝까지 완벽해야 한다는 강박이 아이에게 큰 스트레스로 작용한 탓이다. 수행평가를 못 보면 지필고사까지 망했다고 포기하거나, 조금만 신경 쓰면 잘할 수 있을 활동도 미리 겁을 먹고 하지 않으려 드는 경우도 비슷한 예다.

이런 아이들은 어릴 적 너무 많은 기대를 받고 자라 완벽주의적인 성격이 되었을 확률이 높다. 초등 고학년이나 청소년 자녀를 둔 부모라면 지금은 욕심부리지 않고 그저 격려하기만 한다고 생각하겠지만, 설령 그렇다 하더라도 자녀가 성장하면서 지금까지 경험해온 부모의 피드백(양육 환경)은 이미 자녀의 성격 형성에 많은 영향을 주고 난 뒤이다.

앞서 말했듯이 완벽주의의 밑바닥에는 애정 결핍이라는 불안 요소가 숨어 있다. 부모에게 충분한 애정을 느끼지 못해 애정과 인정에 대한 욕구가 높은 아이들은 부모의 긍정적 반응에 늘 목이 마르다. 문제는 시험 결과가 이런 반응을 이끌어낼 때가 많다는 점이다. 그 결과 아이들은 갈수록 점수에 연연하게 된다. 모두 알다시피 시험이라는 게 열심히 공부했다고 꼭 점수가 잘 나오는 것만은 아니다. 가끔은 실수를 하거나 그날따라 집중이 잘 안되는 날도 있다. 그런데도 아이들은 점수로 자신의 가치를 증명하는 데 매달리고, 원하는 만큼 점수가 잘 나오지 않으면 부모에게 실망을 안겨준 자신을 받아들이지 못한다. 급기야 스스로 '이생망'이라고 자처

하면서 실망감과 좌절감을 아무렇게나 분출하고 만다. 때로는 이렇게 완벽주의자로 자라난 아이가 성인이 되고 나서야 지금까지의 삶은 자신이 원하는 모습이 아니었다고 뒤늦게 호소하는 경우도 있다.

후회는 이미 늦다

외국의 유명 대학교를 수석으로 졸업하고 우리나라 대기업에 연구직으로 입사해 누가 봐도 성공한 삶을 살고 있다고 인정받는 J가 어느 날 손가락이 잘 움직여지지 않는다며 상담을 하러 온 적이 있다. J는 이 문제로 정형외과 및 여러 병원을 방문했으며, 증세의 원인이 심리적 문제라는 이야기를 듣고 나를 찾아온 길이었다. J는 분명히 남들이 부러워하는 직업에 당당한 실력까지 갖추고 있었다. 하지만 요즈음 자신의 삶에 허무함과 아쉬움을 느끼고 직장이 나와 맞지 않다고 생각하면서 힘든 시간을 보내고 있던 터라, 자신의 신체적 증상이 심리적 문제에 기인했다는 말을 듣고 눈물이 핑 돌았다.

사실 J는 회사를 그만두고 싶지만 자기가 대기업에 취업하자 뛸 듯이 기뻐하시던 부모님이 못내 아쉬워할 것 같아 눈치가 보여 말도 하지 못하고, 그저 내일 아침 다시 직장에 나가야 하는 게 너무 힘들어 밤마다 잠도 잘 자지 못하고 지냈다. 그러다 보니 피로가 누적되어 몸과 마음이 지치고 사람들과의 관계도 마음 같지 않게 힘들어졌다.

그러던 차에 갑자기 손가락이 움직여지지 않아 연구를 하는 데 어려움이 생겼다. 한편으로는 불안했지만 한편으로는 이번 프로젝트에 빠져도 될 것 같아 기쁘기도 했다. 물론 이것이 심리적 문제로 촉발된 증상임을 알게 되자 답답한 마음도 커졌다. 그런대로 만족할 만하다고 평가해온 자신의 삶이 실은 진짜 자기가 원하던 것과는 다르다는 데서 오는 돌연한 깨달음이 가슴을 짓눌렀다.

상담 끝에 J는 회사를 그만두었다. 회사를 그만두기로 결정하자 손가락은 거짓말처럼 자연스럽게 움직여졌다. 물론 J는 부모에게 그동안 하지 못했던 마음속 이야기를 털어놓았고, 정말로 자신이 하고 싶은 일이 무엇인지 심도 있게 고민했다. 연구원으로 사는 건 J가 원하는 삶이 아니었다. J는 결국 자신이 하고 싶은 일을 찾아 방송사에 취직했다. 비록 연구직에 있을 때보다 턱없이 적은 월급을 받고 일이 서툴러 매일 혼이 나지만, 오히려 성장하고 있는 자신의 모습에 뿌듯함을 느끼게 되었다.

J와는 좀 다른 경우지만, 어떤 사람은 지나간 과거의 트라우마에 발목이 붙잡혀 새로운 스트레스가 등장하면 지금 눈앞에 놓인 일을 제대로 처리하지 못하는 상황에 처한다. 이것은 심리적 방어기제라 볼 수 있다. '내가 못 한 것이 아니라 이런 이유로 못 한 거

야'라고 탓하는 것이다. 완벽주의 성향을 가진 사람은 실수를 하고 일을 잘해내지 못한 나를 온전히 이해하고 받아들이는 것이 어렵다. 당연히 하루하루가 피곤하고 불행하다.

학교에 자주 지각하거나 결석하는 아이가 변명을 늘어놓으며 자기가 그러는 이유는 잠을 깨우는 엄마의 목소리가 짜증 나기 때문이라고 말한다면 이해할 수 있겠는가? 부모라면 당연히 학교에 갈 시간이 되었는데 자녀가 일어나지 않으면 시간이 되었음을 안내하고 깨워서 학교에 보내야 한다. 사실 문제의 원인은 자신이 새벽까지 핸드폰을 들여다보고 늦게 자서였을 수 있다. 그런데도 아이는 아침에 잠을 깨우는 엄마의 목소리가 짜증 난다고 탓하는 것이다. 왜 그럴까? 자기 잘못으로 인해 등교가 늦어졌다는 것을 인정하고 싶지 않아서다. 아이도 실은 자신에게 문제가 있다는 것을 알고 있다. 하지만 그 사실을 인정하고 받아들일 수 없어 상황 탓, 시대 탓, 부모 탓을 하면서 자꾸만 자신의 문제가 아니라고 발뺌하고 싶어 한다.

부모의 욕망을 자녀에게 투영해서는 안 된다

행복한 완벽주의자는 없다. 살면서 늘 만족스럽고 마음에 드는 결과물을 얻는 것은 쉽지 않다. 항상 부족하고 아쉽기만 한 현실에 행복감을 느끼기란 어렵다. 부모가 기대하면 할수록 결과는 더욱 나빠질 수 있다. 시행착오를 겪으며 실수를 통해 배우고 조금씩 성장하는 과정을 지레 다 포기해버리게 된다. 어떤 새로운 일이 닥치면 도전의 결과가 기대에 미치지 못할 거라 느끼고 아예 시도조차 하지 않는다.

부모 자신이 이루지 못한 욕망이나 욕구를 자녀에게 투영해서 자기 대신 달성하라고 강요하는 것은 피해야 한다. 자기 자신과 자녀의 삶을 분리하는 것이 우선이다. 자녀의 결과물은 결코 부모의 결과물이 아니다. 자녀에게 행복한 삶은 부모가 아니라 자녀 스스로가 원하는 형태의 삶이라는 것을 명심하자. 부모는 단지 자녀가 성장 과정에서 실수를 하더라도 그 실수를 딛고 나아갈 수 있도록 도와주어야 한다. 그래야만 자녀가 오롯이 자신의 걸음걸이로 행복한 삶을 살아갈 수 있다.

"아이들만 성장하는 것이 아니라 부모도 성장한다.
부모가 아이들의 삶을 지켜보는 만큼
아이들도 부모가 그들의 삶에서 무엇을 하는지 지켜본다.
나는 내 아이들에게 태양을 향해 손을 뻗으라고 말하지 않는다.
내가 할 수 있는 일은 나 자신이
스스로 태양을 향해 손을 뻗는 것뿐이다."

—조이스 메이너드Joyce Maynard

PART 3

리라쌤의 알쏭달쏭 심리상담실

아이의 우울증, 무엇이 다를까

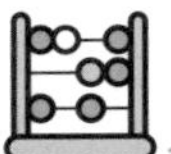

최근 5년간 우울증으로 진료를 받는 환자들은 해마다 약 30퍼센트의 비율로 증가하고 있다. 지금처럼 급변하는 시대의 속도에 적응하며 살아가는 것은 정서적으로 꽤 어렵고 힘든 일이 아닐 수 없다.

일반적으로 우울증이라고 하면 우울한 감정이 지속되면서 무기력을 느끼고, 일에 대한 흥미를 잃어 기운 없어 하는 모습을 말한다. 우울증은 감기만큼 흔히 찾아오기도 하지만 방치하기만 하면 심각한 결과를 불러올 수 있다. 특히 최근에는 자녀의 우울증으로 인한 상담 건수도 늘어나는 추세다. 성인이라면 자기 기분이 우울하다는 것을 곧바로 인지하고 정확히 표현할 수 있겠지만 아이들의 경우는 이와 조금 다르다.

까닭 없이 우울해하는 아이들

아동·청소년의 우울은 어른들이 일반적으로 생각하는 우울과는 차이가 있다. 무기력하고 의욕 없는 행동과 말수가 적어지는 일반적인 우울증도 나타날 수 있지만 간혹 이와 전혀 다른 모습을 보이기도 해서 단번에 우울증이라고 알아차리지 못한다. 어린아이들은 아직 감정이 충분히 발달하지 않아 사소한 일에 짜증을 내거나 울음을 터뜨리고, 유독 더 흥분하거나 산만해지는 등 충동적인 감정 변화가 심하게 드러날 때도 있다. 기분이 빠르게 좋아졌다가 쉽게 나빠지며, 또래와 놀 때는 고조된 모습을 보이다가 가정에서는 무기력해진다. 이런 모습으로 인해 오히려 반항장애나 ADHD가 아닌지 염려하는 부모도 많다. 또 좀 더 큰 청소년의 경우에는 비행이나 거짓말, 도둑질, 자해 같은 문제 행동도 보인다. 때로는 별다른 의학적 원인 없이 복통이나 두통 등의 신체적 증상을 호소하기도 한다.

중요한 것은 아이들의 우울증이 어느 하나의 증상으로만 나타나지 않는다는 점이다. 특히 우울증이 심해지면 사회성 문제나 강박, 불안, 과잉 행동 등 다양한 2차적 심리 문제가 동반되므로 주의가 필요하다.

사실 자녀의 우울은 부모의 우울, 특히 엄마의 우울과도 큰 관련이 있다. 아이들에게는 세상의 전부인 부모가 감정의 파도에 휩쓸려 이리저리 흔들린다면 아이는 어떻게 받아들일까. 안전하다고 믿는 보호막이 위협받는 상황에서 아이들은 범불안적인 두려움과 우울을 느낀다. 부모의 불안이 그대로 아이의 정서에 스며들어 저장되고 학습되면서 고착화하는 것이다.

실제로 부모가 불안을 느끼는 순간 아이를 대하는 전체적인 분위기가 바뀌고, 아이는 그 불편한 느낌을 기억하면서 마음속 불안 버튼을 누른다. 불안 버튼이 눌린 아이는 평소와 다르게 과잉 행동을 한다거나 부모가 하지 말라는 행동을 하면서 관심을 유도한다. 부모 역시 불안 버튼이 눌린 상황이라 평소라면 잘 참고 차분히 설명할 수 있을 만한 것도 제대로 처리하지 못한다. 이미 극도로 불안해졌기 때문에 아이의 행동을 빠르게 저지하려 폭언과 폭행을 하게 된다. 이런 부모의 우울을 그대로 전달받은 아이들은 사랑받지 못하는 애정 결핍감, 보호받지 못하는 안전 결핍감, 수용받지 못하는 존중 결핍감을 경험한다.

아쉽게도 부모가 우울한 경우 아이의 예후도 좋지 않다. 우울한 부모의 자녀는 아동 상담 치료를 받아도 치료 속도가 느리고 오히려 악화하는 사례가 많다. 부모가 치료에 적극적이지 않고 자책하거나 회피하고 거부하는 모습을 보이는 탓이다. 이런 경우 반드시 부모 치료가 병행되어야 하는데, 이 설득 과정 또한 만만치가 않은 것이 현실이다.

상처 없는 우울이란 없다

영특했던 태율이는 어릴 적 부모의 기대를 한 몸에 받고 자랐다. 기대가 지나치면 독이 되는 법. 태율이가 점점 커가면서 부모는 태율이에게 조금 부족하거나 실망하는 부분이 있을 때면 자존감을 떨어뜨리는 말을 함부로 내뱉고, 가끔은 폭언과 체벌로 아이를 훈육했다. 태율이는 맞는 것이 무서웠다. 사랑만 받고 싶은 부모가 자기에게 화를 내고 무섭게 혼을 내니 두려운 마음에 따를 수밖에 없었다.

그런데 태율이가 중학교에 들어가면서부터는 상황이 달라졌다. 태율이는 학교에 자주 빠지고 친구들과 몰려다니며 담배를 피우고 가출도 했다. 고등학교에 진학하면서는 수업은커녕 친구들과 함께 오토바이를 타고 몰려다니며 몇몇 범법행위를 저지르는 등 다양한 사고를 연이어 터뜨렸다.

우울은 결국 심리적 상처로 인해 발생하는 문제다. 이 세상에 상처 없는 우울이란 없다. 마음의 상처가 결핍, 아픔, 슬픔으로 다가와 우울을 느끼게 하는 것이다. 그렇다면 우울을 느끼게 하는 상처가 어디서 무엇 때문에 만들어졌는지 찾는 일이 먼저가 되어야 할 것이다.

태율이는 대체 어떻게 해서 지금 같은 상황에 이르렀을까. 태율이는 어릴 적부터 부모에게 자존감을 떨어뜨리는 말을 자주 들었다. 자존감을 떨어뜨리는 말이란 어떤 것일까. 다양한 유형이 있겠지만, 무엇보다 비교하는 말, 거절당하는 느낌을 주는 말, 실망감을 느끼게 하는 말 등을 일컫는다. 사랑하는 부모에게 거부당하고 실망을 안겨주었다는 자책감은 태율이의 자존감을 조금씩 갉아먹었다. 여기에 더해 폭언과 체벌도 뒤따랐다. 그런 날이면 부모가 무섭고 미우면서도 방 안에서 혼자 울고 있는 자신이 더없이 초라해 보여 견딜 수가 없었다.

나이가 조금 들면서부터 태율이는 감정을 외부로 표출하기 시작했다. 뭔가를 해내는 것이 어렵고 아무리 노력해도 부모에게 실망만 안겨준다는 생각은 폭발하는 감정의 형태로 표현되기 일쑤였다. 부모의 눈에는 태율이가 못된 사고만 치고 다니며 반항하는 것으로 보였지만, 사실 태율이는 심한 우울을 앓고 있었다. 태율이 부모와 태율이 사이에 가로놓인 감정의 골은 쉽사리 메꾸기 어려웠다. 태율이는 결국 우울증으로 인해 자해까지 시도했다.

외로움이 깊이 내려앉은 자리

선아는 초등학교 고학년이 되면서 엄마와 대화하는 일이 줄고 친구들과 시간을 보내는 데만 신경을 쓴다. 집에 오면 방에서 나오지도 않고 침대에 누워 핸드폰만 붙잡고 있는 모습에 선아 엄마는 그저 답답한 마음이 든다. 특히 친구들과 메시지를 주고받거나 통화할 때는 신나게 웃고 떠들다가도 자기 방 청소나 숙제 등 자신이 해야 하는 일 앞에서는 무기력한 모습을 보여서 더 화가 나 감정적으로 지적한다. 다른 문제로 의욕이 없는 건지, 사춘기라서 그러는 건지 헷갈리는 상황이다.

선아 엄마는 눈치채지 못했지만, 상담을 해보니 선아는 심한 외로움을 가슴에 품고 있었다. 선아는 엄마 아빠의 바쁜 일정 탓에 외갓집에서 초등 저학년 때까지 지냈다. 고학년이 되어서는 다행히 부모와 함께 살 수 있었지만 어린 동생이 부모의 관심을 차지하는 바람에 엄마 아빠와 마음 편히 이야기하는 시간이 턱없이 부족했다. 같이 식사하는 자리에서 학원이나 공부 스케줄에 관해 이야기하는 정도가 전부였다. 그러다 보니 더 이상 부모와 길게 이야기하고 싶지 않았고 자꾸 친구들에게만 집착하게 되었다. 결국 선아 부모님이 상담을 의뢰했지만 선아의 마음에는 이미 우울이 깊게 자리 잡은 상태였다.

요즘은 선아네처럼 많은 부모가 맞벌이를 하면서 가정에서 아이들이 혼자 있는 시간이 많아졌다. 물론 일정 시간을 확보해 아이와 함께 눈을 맞추고 대화를 나누며 간식이라도 먹을 수 있다면 너무나 좋겠지만 실생활에서 그렇게 하는 가정은 많지 않을 것이다. 나는 이 문제에서 양적인 시간보다 질적인 시간이 중요함을 강조하고 싶다.

사실 혼자라는 외로움은 부모의 물리적 부재가 아닌 정서적 부재에서 생기는 문제다. 내 아이와 같은 공간에서 시간을 많이 보내고 있다고 해서 꼭 좋은 것만은 아니다. 오히려 같은 공간에서 부대끼다 지나치게 집착하거나 간섭할 수도 있다. 그러니 질적으로 얼마나 충만한 시간을 채워주고 있는지가 무엇보다 중요하다. 아이의 생각에 공감하고 경청해주는 시간이 애정 표현과 충족의 골든타임임을 명심하고 짧더라도 이 시간만큼은 꼭 확보해야 한다.

부담감과 억울함을 호소하는 아이들

이겨낼 수 없다는 두려움과 해낼 수 없다는 버거움은 부모의 일방적 기대에 대한 부담감에서 비롯한다. 부모가 자녀의 성취에 실망하고 더 많은 것을 해내라고 요구할 때 아이들은 부담을 느낀다. 간혹 내가 상담하는 어떤 부모들은 자기는 절대 부담감을 주지 않았는데도 아이가 혼자 저런다고 하소연한다. 아이가 스스로 너무 큰 목표를 세우고 만족하지 못할까 봐 걱정이라거나, 때로는 완벽주의적인 성향을 타고나서 그런 것 같다며 염려하는 부모도 있다. 하지만 문제가 되는 아이가 느끼는 감정의 가장 밑바닥을 살펴보면 결국 부모의 리액션이 켜켜이 쌓여 만들어진 두려움과 버거움이 존재함을 알 수 있다.

이 밖에도 아이들을 분노하게 하고 큰 상처를 주는 요인은 억울함이다. 어른들이 생각할 때 별거 아닌 것 같은 말이 아이들에게는 억울하게 느껴지고 오랫동안 상처로 남는 경우가 많다. 자기가 하지 않은 것을 했다고 지적하거나 섣부른 오해를 받았을 때 아이들은 매우 억울해한다. 만약 오해를 산 일이 사실이 아닌 것으로 밝혀진다면 "알았어. 아니면 됐지" 하고 넘어가기보다는 "엄마가 오해해서 억울했겠다. 아니었구나. 엄마가 다음엔 더 자세히 확인해볼게" 같은 말로 아이의 심정을 공감하고 다독여주어야 한다.

아이의 내면에 있는 불안 버튼 살피기

앞에서 말했듯이 아이들의 우울에는 부모의 영향이 크게 작용한다. 무엇보다 부모의 우울이 아이에게 그대로 전이되어 나타나고 2차적 심리 문제를 동반할 수 있다. 부모가 알고 눌렀든 모르고 눌렀든 아이의 마음속 불안 버튼이 눌리면 그때 보이는 아이들의 반응은 부모에게 곧장 되돌아가 거듭 부모를 불안하게 한다. 부모와 자식이 서로의 불안을 주고받으며 우울한 감정을 되풀이해 경험하는 악순환이 생기는 것이다.

부모라면 마땅히 어떤 상황에서 내 아이의 불안 버튼이 눌리는지 세심하게 살피면서 원인을 찾아보아야 한다. 물론 아이의 기질에 따라 불안 버튼이 조금 탄탄하거나 조금 헐거울 수는 있다. 그러니 불안 버튼의 형태와 느낌, 세기와 민감도를 더 세밀하게 알아야 한다. 그래야만 불안해하는 아이의 마음을 빠르게 확인하고 도와줄 수 있기 때문이다. 무엇보다 부모가 불안과 우울을 아이에게 투사해서는 안 된다. 부모가 우울증을 겪고 있다면 다른 무엇보다 본인의 치료가 영순위라는 점을 꼭 기억하자.

거듭 말하지만 아이들의 우울은 일반적인 우울과 형태가 다르다. 아이들은 현재 느끼는 기분을 정확한 어휘로 설명하기 어렵고, 어떠한 상황에서 어떤 감정이 느껴졌는지 상호 연관성을 설명하는 것은 더욱 어려워한다. 감정이 불편하다고 느끼는 순간 충동성을 띠고, 이를 지적받고 혼이 나는 악순환이 계속된다면 우울감에서 빠져나오지 못하는 게 당연하다. 자녀의 감정 기복이 크고 통제하기 어렵다고 느껴진다면 아이의 내면을 더욱 세심하게 들여다볼 일이다. 아이들이 밖으로 내보내는 다양한 신호와 사인을 놓치지 않고 잘 체크할 때 더욱 큰 2차적 심리 문제가 동반되지 않는다. 뒤에 나오는 체크 리스트가 도움이 될 것이다.

소아우울증 체크 리스트

		전혀 아니다	때때로 그렇다	자주 그렇다	항상 그렇다
1	슬퍼 보인다.				
2*	즐거워한다.				
3	자기 자신을 좋아하지 않는다.				
4	벌어지는 일에 자기 탓을 한다.				
5	울거나 눈물이 많아 보인다.				
6	짜증을 부리거나 화를 잘 낸다.				
7*	다른 사람과 함께 있는 걸 좋아한다.				
8	자신이 못생겼다고 생각한다.				
9	학교 공부를 하려면 애를 써야 한다.				
10	밤에 잠을 자기 힘들다.				
11	지치고 피곤해 보인다.				
12	외로워 보인다.				
13*	학교생활을 즐거워한다.				
14*	친구들과 어울려 시간을 보낸다.				
15	전보다 학교 성적이 나빠졌다.				
16*	자신이 들은 대로 따른다.				
17	주위 사람과 의견 차이나 갈등을 보인다.				

점수 계산

전혀 아니다: 0점

때때로 그렇다: 1점

자주 그렇다: 2점

항상 그렇다: 3점

(*역 채점 문항)

우울 진단

남아 7~12세: 총 20점 이상

13~17세: 총 18점 이상

여아 7~12세: 총 17점 이상

13~17세: 총 20점 이상

무엇이 아이를 강박으로 내몰까

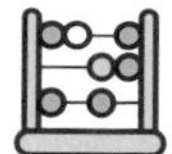

비닐장갑을 낀 채 강아지를 안고 행복해하고 있는 잭 니콜슨의 포스터가 매우 인상적이었던 〈이보다 더 좋을 순 없다〉는 강박장애를 다룬 영화 중 좋은 예로 손꼽힌다. 주인공은 현관문을 닫을 때마다 다섯 번씩 확인하고, 전등 스위치를 켤 때도 다섯 번 껐다 켜기를 반복한다. 위생강박 탓에 손을 씻은 비누는 한 번만 사용하고 버리며, 식당에서는 항상 같은 자리에 앉아 개인 플라스틱 나이프와 포크를 꺼내 식사한다.

우리나라 영화 중에는 계획대로만 살아가는 한 남자의 이야기를 다룬 〈플랜맨〉이 있다. 제목에서도 알 수 있듯이 주인공은 계획을 세우지 않으면 1분 1초가 불안하다. 모든 일정에 알람을 맞추어

놓고 계획한 대로 사는 걸 추구하며, 가방에는 늘 청결제와 소독제가 들어 있다. 또 정리정돈이 되어 있지 않으면 심리적으로 상당히 흔들린다.

이런 영화를 보면서 우리는 강박증을 앓는 사람이 어떻게 살아가며, 또 무엇을 통해 장애를 극복하는지 깨닫는다. 그런데 재미있는 사실은 두 영화에서 모두 어린 시절의 기억이 주인공의 강박증 발생에 큰 영향을 미친다는 것이다. 사실 심하지 않은 수준의 강박은 현실에서 매우 흔한 사례라고 할 수 있다. 미국정신의학회APA의 《정신장애 진단 및 통계편람DSM-5-TR》에 따르면 강박장애는 반복적이고 원치 않는 강박적 사고와 강박적 행동을 특징으로 하는 정신질환이다. 잦은 손 씻기, 숫자 세기, 확인하기, 청소하기 같은 반복 행동을 함으로써 강박적 사고를 막거나 머릿속 불안을 잠재우려는 경우가 흔하다. 그러나 이런 행동은 일시적인 편안함만 제공할 뿐 결과적으로는 되레 불안을 증폭할 수밖에 없다.

왜 아이가 강박적인 모습을 보일까

초등 3학년인 지현이는 사람들에게 친절하고 상냥해서 칭찬도 많이 받고 인기도 많다. 특히 지현이가 좋아하는 대상은 지현이보다 나이가 많은 언니들이다. 지현이는 처음 만나는 사람과도 반갑게 인사하고 이것

저것 물어보면서 금세 친해진다.

그런데 지현이가 최근에 특이한 행동을 자주 해서 지적을 받았다. 밥을 먹을 때 젓가락으로 식탁을 두 번 톡톡 두드린 다음 먹고, 방에 들어갈 때 문 앞에서 발을 두 번 구르고, 현관 밖으로 나가거나 들어올 때 신발장을 손바닥으로 툭툭 치는 행동을 하기 때문이다. 지적도 해보고 무시도 해보았지만 지현이의 반복 행동은 점차 가짓수가 늘어날 뿐이었다. 사람을 좋아하고 사교성이 많은 아이가 이런 행동을 하다 보니 의도치 않게 지적을 더 자주 받으면서 자꾸 의기소침해지는 것 같아 지현이 엄마는 더욱 염려가 된다.

강박증은 아이들의 의지와 상관없이 머릿속에 어떤 생각이나 장면이 떠올라서 불안해지고(강박사고) 그 불안을 없애기 위해 특정 행동을 반복적으로 되풀이하는(강박행동) 형태로 나타난다. 강박사고 없이 강박행동만 보이는 경우가 더 흔하고, 때로는 강박사고로 인해 강박행동을 보이기도 한다. 초기 발생 연령은 3세부터 18세까지 매우 다양한데, 그중 초등학생(8~11세)인 학령기에 많이 발생한다. 성별 분포는 청소년기 초기까지는 별 차이가 없지만 일반적으로 남자아이 쪽이 조금 높게 나타나는 편이다.

강박증의 주요 증상으로는 무엇보다 영화나 드라마에서 자주 볼 수 있는 오염·청결강박이 있다. 내가 만지는 물건에 세균이 있을 것 같아서 염려되고 걱정되어 자꾸 손을 씻고 샤워를 하고 옷을 갈아입는 식이다. 확인강박은 좀 더 큰 아이들에게서 많이 보인다. 확인강박이 있으면 계속해서 일정 알람을 체크하거나 숙제를 미리 다 해놓고도 혹시 빠진 것이 있지는 않은지 걱정되어 재차 확인한다. 그 외에 지현이처럼 식사를 할 때마다 젓가락으로 식탁을 치거나 방에 들어갈 때 발을 구르는 등 똑같은 패턴으로 행동을 반복하는 반복강박, 물건을 반드시 제자리에 놓고 배열 상태를 정돈하는 정렬강박, 사용하지 않는 물건이라도 버리지 못하고 모아두는 저장강박 등 종류가 다양하다. 이 중 저장강박은 자신의 행동이 비합리적이고 적절하지 않다는 사실을 알고 있음에도 어떤 물건을 저장하고 버리지 못하기를 반복하는 것이다. 심지어 특정한 물건에서 안정감을 느끼고 위안을 받아 그 물건을 '의인화'한다. 그래서 왜 그걸 가지고 있냐고 물어보면 "버리면 슬퍼할까 봐서"라고 대답하기도 한다.

강박의 원인은 생물학적 원인과 심리적 원인으로 나뉜다. 생물학적 원인으로는 신경전달물질인 세로토닌과 도파민의 불균형이나 연쇄상구균 감염을 꼽을 수 있다. 세로토닌은 뇌 속에서 불안감을 조절하는 신경 호르몬이다. 이 세로토닌 수용체에 이상이 생기면 전두엽이 과다하게 활동하고 정상적으로 억제가 되지 않아 특정 생각이나 행동이 반복된다. 또 강박증은 유전성이 강하므로 가족 중에 강박증을 앓고 있는 사람이 있다면 아이도 해당 장애를 가질 확률이 있으므로, 유전적 영향을 살펴볼 필요가 있다.

심리적 원인은 다시 부모의 영향과 사회적 현상으로 나누어 생각해보아야 한다. 무엇보다 부모가 스트레스와 불안에 시달려 강박적인 성향이 있으면 그렇지 않은 아이에 비해 4배 정도 더 큰 영향을 받는다. 부모가 아이에게 완벽주의적 요구를 많이 하는 경우에도 발생 확률이 높다. 부모에게 사랑받지 못한다는 불안과 주어진 임무를 완벽히 해내지 못했다는 좌절감이 아이들에게 큰 스트레스로 작용하는 탓이다. 그 외에 지나친 학벌 위주의 사회적 분위기 탓에 늘 비교당하고 순위를 매기느라 과도한 스트레스와 불안을 경험하고 강박을 앓는 아이도 있다. 결국 아이들의 강박은 심리적 불안과 스트레스가 주요 원인이며, 부모와의 관계가 불안할 때 더욱 쉽게 발생한다고 말할 수 있다.

그렇다면 지현이는 무엇 때문에 강박적인 모습을 보이는 것일까? 지현이가 특히 언니들을 잘 따르고 좋아한 것은 자기가 먼저 관심을 보이면 언니들이 외형적으로 애정 표현과 칭찬을 많이 해주었기 때문이다. 애정 결핍이 심한 아이들은 사람들의 관심을 끌어서 애정이나 인정을 받으려 하거나, 상대적으로 어른이나 나이가 많은 사람에게 귀여움을 받기 위해 노력한다. 지현이의 경우는 결국 애정에 대한 결핍감이 불안과 스트레스로 작용해 강박적 행동으로 나타난 것이라 할 수 있다.

아이에게는 기다림의 시간이 필요하다

중학생이 된 대원이는 아침에 일어나면 핸드폰에 새로 올라온 알림부터 확인한다. 처음에는 알림을 확인하는 데 30분 정도 걸렸는데, 지금은 점점 늘어 두 시간가량이나 소요된다. 확인하는 시간이 길어지면서 지각이 잦고 생활리듬도 깨져 문제 상황이 자주 발생한다.

이제는 전화를 걸었을 때 바로 통화가 안 되거나 자신이 이야기를 하고 싶을 때 상대가 자기 말을 들어주지 않는다고 느끼면 감정 기복이 심해지는 상태다. 여기에 더해 오늘 해야 할 일이 떠오르지 않으면 심한 스트레스를 받고, 그래서 일정을 강박적으로 확인하는 모습이 잦아졌다.

대원이 엄마는 대원이의 상태가 걱정되는 한편, 아이가 주변에 불편을 주는 모습에 저도 모르게 화가 나서 참을 수가 없다.

유아기 아이와 엄마와의 애착 관계를 연구한 심리학자 존 보울비John Bowlby는 애착 이론에서 부모의 애착 형태가 자녀의 애착 형성에 큰 영향을 준다고 보았다. 부모가 불안정 애착형이면 자녀도 불안정 애착형이 될 확률이 높다. 특히 불안정 애착형은 소유물에 대한 극단적인 애착과 저장강박 증상이 빈번하게 발견되는 양상이 일반적이다.

아이들의 강박이 부모와의 관계에서 영향을 많이 받는다면 무엇보다 부모의 감정 상태를 먼저 체크하고 심리적 안정감을 가질 수 있도록 노력해야 할 것이다. 또한 부모의 완벽주의적 요구로 인해 아이가 스트레스를 받는 상태라면 부모가 시간적 여유를 두고 아이를 조금 더 기다려주는 마음자세가 필요하다. 알려주고, 기다려주고, 버티는 3단계는 시간과의 싸움이다. TV 예능 프로그램처럼 다음 날 바로 상황이 바뀌어 있는 드라마틱한 결과를 기대할 수는 없다. 절대 아이에게 서둘러 결과를 내놓으라 재촉하지 않고, 이 과정에서 아이가 보이는 작은 노력부터 칭찬한다면 긍정적 상호작용이 켜켜이 쌓여 변화의 흐름을 만들어낼 수 있다.

상담을 해보니 대원이는 중학생이 되면서 공부에 대한 스트레스가 커진 상태였다. 친구들은 모두 자기보다 나은 것 같고, 아무리 노력해도 나아지지 않는 성적 탓에 실망감을 감출 수 없었다. 거기에 부모의 지적과 핀잔이 더해지자 어느 순간부터 매사에 불안해지기 시작했다. 자연스레 학교 과제 중에 잊어버린 게 있지는 않을까 염려하고 수시로 체크하는 습관이 생겼고, 심지어 이미 다 끝낸 것을 알면서도 다시 확인하는 강박적 행동을 보이게 되었다. 대원이처럼 아동기 이후 정서적으로 민감해지면서 특이한 행동을 지적받거나 핀잔을 들으면 스스로 자기 행동에 위축이 되고, 결국 자꾸만 주변의 눈치를 보는 경우가 많다.

물론 처음부터 부모가 이유도 없이 아이를 혼내고 다그치지는 않을 것이다. 충분히 알려주고 설명해주었는데도 무한 리셋되는 행동에 화가 나고 커다란 돌덩이가 가슴에 얹힌 듯 답답해진다는 것을 나도 잘 알고 있다. 자녀에게 대단한 것을 해내라고 강요하는 부모는 생각보다 많지 않다. 기본적인 생활태도를 올바르게 하라고 요구하는 수준인데도 아이들이 버거워하기에 부모로서는 염려하지 않을 수 없는 것이다. 하지만 아이들에게는 부모가 생각하는 것보다 더 많은 시간과 기다림이 필요하다. 못 해서가 아니라 할 수는 있지만 꾸준히 하는 연습, 스스로 의지를 품고 노력해보는 연습 기간이 있어야 한다. 부모 눈에는 그저 답답해 보이기만 하는 시행착오를 반복적으로 되풀이해야 하는 시기인 것이다. 이럴 때는 핀잔이나 비난을 줄이는 대신 알려주고, 기다려주고, 버티는 3단계의 과정을 이어가야 한다.

또한 강박은 심리적으로 긴장되어 있고 불안이 높은 경우에 많이 발생하므로 될수록 칭찬을 통해 감정을 이완하고 애정을 채워주는 시간이 필요하다. 부모의 칭찬은 아이들에게 최고의 애정 표현이다. 굳이 어떤 목표를 이루거나 노력할 때만 칭찬을 해줄 수 있는 건 아니다. 아이들은 존재 자체로도 칭찬받아 마땅하다. 반짝이는 눈동자, 음식을 맛있게 먹는 예쁜 입술, 환하게 웃는 미소 등 어떤 것도 다 칭찬받기에 충분한 아이들이다. 남보다 대단한 무언가를 해내지 않더라도 이미 칭찬받고 행복해야 할 아이들이다. 사랑을 나누고 애정을 경험하는 시간이 쌓일 때 아이들은 결핍감을 해소하면서 건강하고 행복한 아이로 자라난다. 뒤에 나오는 강박증 진단표가 도움이 되길 바란다.

강박증 자가 진단

① 평소 화를 잘 낸다.

② 하루에 손을 10번 이상 씻는다.

③ 물건은 항상 제자리에 놓여 있어야 안심이 된다.

④ 불길한 색깔이나 숫자를 피한다.

⑤ 하루 종일 졸리고 잠이 온다.

⑥ 배가 자주 아프다.

⑦ 괜히 가슴이 답답하다.

⑧ 갑자기 두렵다는 생각이 든다.

⑨ 한참 후의 일을 미리 걱정한다.

⑩ 내 몸에서 냄새가 나는 것 같아 사람 만나기가 꺼려진다.

⑪ 질병이나 신체적 질환에 대해 의심이 많다.

⑫ 주위 사람들에게 같은 질문을 던지고 반복해 확인한다.

⑬ 같은 일을 여러 번 반복한다.

⑭ 등교나 출근 시 무언가 빠뜨리고 집을 나선 것 같아 불안하다.

⑮ 경적이나 종소리에 깜짝 놀란다.

자가 진단

0~3개: 지극히 정상

4~7개: 걱정할 단계는 아니며 약간 예민해져 있는 상태

8개 이상: 강박증 증상이 의심되며 전문가와 상담 필요

소아강박증 자가 진단

다음과 같은 증상이 2주 이상 지속된다면 소아강박증을 의심할 수 있으며 전문가와 상담이 필요하다.

---

① 병균, 배설물, 먼지 등 더러운 것을 지나치게 걱정한다.
② 손을 자주 씻고, 샤워하는 시간이 길어진다.
③ 자신이나 가족이 해를 입거나 자신이 다른 사람을 해칠 것 같은 상상 때문에 두렵다고 호소한다.
④ 가스 불, 문단속을 반복적으로 확인한다.
⑤ 평소 충동적으로 사람이나 물건을 만지고 싶은 마음이 든다.
⑥ 하기 싫은 종교적이고 성적인 생각이 반복되어 괴롭다.
⑦ 자신이 생각한 수만큼 반복 행동을 수행해야 마음이 편하다.
⑧ 평소 지나치게 죽음에 대해 생각하거나 무서운 생각이 든다.

저장강박증 자가 진단

아래의 항목 중 4개 이상에 해당할 때 저장강박증을 의심할 수 있으며 전문가와 상담이 필요하다.

---

① 물건에 대한 집착이 많은 편이다.
② 물건에 특별히 애정을 쏟는 편이다.
③ 물건을 모으지 않으면 뭔가 불쾌해지고 기분이 나쁘다.
④ 필요하지 않다는 걸 알고 있는데도 무조건 물건을 사서 모으는 편이다.
⑤ 최근 판단력이 매우 떨어지는 것을 느낀다.
⑥ 심지어 쓰레기도 버리지 못하고 보관하려고 한다.
예) 비닐이나 페트병 등 남들이 다 버려야 한다고 생각하는 것까지 그냥 모아둔다.
⑦ 물건을 모으면서 자아정체감이 형성됨을 느끼고 자존감이 향상되는 것 같다.

저장강박증 진단 기준 DSM-5

① 실제 가치와는 상관없이 소지품을 버리거나 소지품과 분리되는 것을 지속적으로 어려워한다.

② 이런 어려움은 소지품을 보관해야만 하는 인지적 필요나 이를 버리는 데 따르는 고통에 의해 생긴다.

③ 소지품을 버리기 어려워해서 결국 물품이 쌓이고, 이는 소지품의 원래 용도를 심각하게 저해하여 생활을 어지럽힌다.

④ 수집광 증상은 (자신과 타인을 위한 안전한 환경을 유지하는 것을 포함하여) 사회적, 직업적, 또는 다른 중요한 기능 영역에서 개인의 삶을 손상하고 저해하는 결과를 초래한다.

⑤ 수집광 증상은 뇌 손상과 같은 의학적 질환으로도 설명할 수 없다.

⑥ 마찬가지로 다른 정신질환의 징후도 아니다.

아이가 자위를 해요

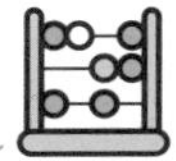

아이를 키우면서 부모는 날마다 새로운 고민과 마주한다. 아이의 성장과 관련한 문제에 부딪힐 때마다 과연 어떻게 대처해야 아이들에게 가장 이상적일지 항상 고민하고 다시금 배운다. 그러면서 셀 수 없이 많은 시행착오를 겪고, 점차 아이와 소통하는 적절한 방식을 터득하고 찾아가게 된다.

그러나 제아무리 노력하는 부모에게도 분명히 피하고 싶은 순간이 있다. 바로 성과 관련된 문제이다. 성은 아무래도 우리에게 여전히 어렵고 불편하게 느껴지는 것이 사실이다. 만약 집에서 아이가 자위하는 모습을 목격했다고 가정해보자. 대부분의 부모는 매우 당황스럽고 걱정되면서도 한편으로는 어떻게 대응하고 무엇을 알려줘야 할지 고민할 것이다. 남들에게 부끄럽게 여겨지는 부분이라 쉽사리 주변에 도움을 구하기도 꺼려진다.

그런데 기실 부모가 당황하는 것은 바로 아이의 자위를 어른의 자위처럼 받아들이기 때문이다. 아이의 자위는 분명히 어른의 자위와는 다르며, 성장 과정에서 나타나는 자연스러운 행동이라는 사실을 먼저 인지할 필요가 있다.

꼭 알아야 할 심리성적 발달 단계

정신분석학자인 지크문트 프로이트Sigmund Freud는 인간은 본능적인 성욕인 리비도Libido(심리성적 에너지, 욕구)를 가지고 태어나며 발달 단계에 따라 쾌감을 느끼는 신체 부위와 특성이 달라진다고 말했다. 프로이트는 리비도가 신체 어느 부위에 머무르는지에 따라 성적 발달 단계가 구분되고 각 단계마다 욕구도 달라진다고 보았다. 이 단계를 파악하면 아이의 자위 행동을 이해하는 실마리를 얻을 수 있다.

프로이트의 심리성적 발달 5단계 중에서 1단계는 구강기(1세)이다. 이때의 아이들은 입을 통해 욕구를 충족한다. 모유를 먹거나 젖병이나 손가락을 빠는 행위로 외부의 자극이나 욕구를 충족하는 것이다. 2단계는 항문기(2~3세)로 소변이나 대변을 보는 행위를 통해 쾌감을 느끼고 욕구를 충족하는 시기이다. 3단계는 남근기(4~6세)인데, 프로이트는 이 단계가 인격 형성에 가장 결정적인 시기라고 했다.

남근기의 아이는 남자와 여자의 성기를 구분할 줄 알고 리비도가 성기 부위에 집중되면서 성기 자극을 통해 쾌감을 얻는데, 그런 까닭에 자신의 성기에 관심을 갖고 자위행위를 하기도 한다. 또 출산과 성에 관해서도 많은 질문을 던진다. 그런데 남근기의 남자아이와 여자아이는 조금 차이를 보인다. 남자아이는 어머니를 성적 대상으로 원하지만 아빠가 경쟁자라는 것을 깨닫고 아빠를 부정적으로 인식한다. 한편으론 자신의 욕망에 대한 벌로 거세될 것이라는 두려움을 품기에 엄마를 포기하고 아빠의 행동, 태도, 감정 등을 닮아가며 자신과 동일시하게 된다. 이를 오이디푸스 콤플렉스Oedipus complex라고 한다. 여자아이의 경우 사랑의 대상으로 아빠를 원하지만 엄마가 자신을 거세할 것이라는 두려움을 똑같이 품게 된다. 하지만 곧 자신은 남근이 없다는 것을 깨닫고 남근을 선망하면서 엄마의 행동과 감정 등을 따라 하게 된다. 이를 엘렉트라 콤플렉스Electra complex라고 한다. 참고로 이 용어는 칼 구스타프 융Carl Gustav Jung에 의해 만들어졌고, 프로이트는 여자아이의 경우도 남자아이와 똑같이 오이디푸스 콤플렉스라고 지칭했다. 여기서 중요한 점은 동일시가 이루어진다는 것이다. 즉 이 시기의 아이들은 부모의 모습을 그대로 흡수하고 따라 하며, 그래서 아이의 인격 형성에 매우 중요한 단계라고 말할 수 있다.

4단계는 잠복기(7~12세)로 리비도가 무의식 속에 잠복해 있으므로 다른 단계에 비해 비교적 평온하다. 이때 아이는 동성 친구에게 관심을 갖고 서로 경쟁하면서 사회관계를 확장하게 된다. 도덕관념도 정립되는 시기이다. 마지막 5단계 생식기(13~18세)는 신체적 성숙이 이루어지고 외부로 성욕이 나타나며 이성과 결합하고 싶은 생각이 드는 시기이다. 이때 사춘기가 시작되며, 리비도는 다시 성기로 집중된다. 부모로부터 독립하고 싶은 욕구도 생겨난다.

이 같은 발달 단계 모델을 보면 4~6세의 아이들이 자신의 성기와 이성의 성기에 관심을 가지는 것은 매우 자연스러운 모습임을 알 수 있다. 우연한 기회에 자신의 성기를 건드리거나 만졌을 때 좋은 기분이 들어 이를 반복하게 되므로, 이때 부모가 보여주는 대처 행동이 아이에게 어떤 경험으로 남는지가 매우 중요하다고 할 수 있다.

부모의 감정 변화에 흔들리는 아이들

희아는 유치원 졸업반이다. 부모님이 우연히 희아의 자위를 보게 된 건 희아가 다섯 살일 무렵이었다. 희아가 좋아하는 TV 프로그램을 보면서 발을 성기 부위에 대고 앉아 있는 모습에, 처음에는 긴가민가한 생각이 들었다. 그런데 그 후에도 혼자 방에서 놀 때나 좋아하는 블록놀이를 할 때 침대나 책상 모서리에 대고 성기 부위를 문지르는 모습이 관찰되었다. 아이에게 왜 그런지 물으면 잘못했다면서 울먹이기만 했다. 그래선 안 되는 이유를 희아에게 차근히 설명해주고 소아과에 데려가 의사 선생님께 성기를 소중하게 다루는 방법을 배워 오기도 했다.

하지만 상황은 좀체 나아지지 않았다. 희아가 이제 엄마의 눈을 피해 몰래 자위행위를 하게 된 것이다. 어느 날 유치원 하원길에서 아이의 담임 선생님이 아이가 자위하는 걸 알고 있냐고 조심스레 물어왔다. 엄마는 당황한 나머지 잘 모른다고 대답하고 돌아왔지만, 너무 수치스러운 기분이 든다. 희아가 다른 사람들이 있는 곳에서 부끄러운 행동을 했다는 생각에 화가 나고, 이런 모습을 계속 보이게 될까 봐 걱정되는 마음이 들어 감정을 추스르기 어렵다.

아이들이 자위하는 모습을 처음 접하면 부모는 당황하기 마련이다. 게다가 그런 모습이 자주 관찰되고 남들에게 지적받는 상황이 되면 크게 염려할 수밖에 없다. 희아 엄마도 처음에는 차근차근 설명하고 관련 책이나 영상을 보여주면서 아이를 이해시키려 노력했다. 하지만 문제는 해결되지 않았고, 선생님에게 지적을 받자 아이에게 감정적으로 대처하게 되었다.

사실 자위를 하는 아동은 호기심이 많고 충동적인 모습을 띤다. 기질 검사 결과를 살펴보아도 대부분 자극 추구가 높게 나오는 편이다. 이런 아이들은 쉽게 싫증을 내고 새로운 자극을 선호하며 감수성이 예민하다. 그렇기에 부모의 감정에 민감하게 반응하고 좋아하는 TV 프로그램을 보거나 다른 활동을 하다가도 자위 행동을 하게 된다. 엄마의 감정이 조금만 변화되어도 즉시 불안해져서 안정을 찾으려 자위 행동을 하기도 한다.

상담을 해보니 희아도 비슷했다. 희아는 엄마의 감정 변화에 동조해 쉽게 불안을 느끼는 아이였고, 엄마에게 지적이나 핀잔을 들으면 이것이 곧 자위 행동으로 연결되고 있었다. 강박적으로 집안을 정리정돈해야만 하는 희아 엄마는 평소 간식이나 밥을 먹을 때 방바닥에 음식물이 떨어지는 것을 싫어해서 아이가 음식을 먹는 모습에 유독 예민하게 반응했다. 엄마의 신경이 날카로워지는 걸 인지한 희아도 식사 때가 되면 덩달아 긴장하며 음식을 먹고 엄마의 눈치를 살피기 바빴다. 희아가 좋아하는 미술 놀이를 할 때도 마찬가지였다. 엄마는 희아가 미술 놀이를 하다가 조금이라도 방을 어지럽히면 곧장 치우고 정리하며 예민하게 신경을 썼다. 이것이 희아에게 스트레스로 작용했음은 굳이 말하지 않아도 알 수 있을 것이다.

희아의 자위 행동을 멈추려면 희아는 물론, 희아 엄마의 감정도 다스려야 했다. 나는 그동안 엄마에게 자주 혼이 나서 경직되어 있던 희아에게 욕조에 물을 받아 거품 놀이를 하거나 슬라임 혹은 클레이 놀이를 하면서 감정을 이완하고 분출하며 불안을 해소할 수 있도록 유도했다. 동시에 희아 엄마에게는 될 수 있으면 아이와 함께 활동하는 시간을 확보해 집 안이 어질러지는 상황을 받아들이고 함께 구획을 나누어 정리해보라고 권했다. 그렇게 희아와 엄마가 상호작용하는 시간이 늘어나자 마침내 희아의 자위 행동도 점차 줄어들었다.

희아의 경우처럼 자위 행동은 아이가 심심하거나 감정적으로 불안할 때 보이는 모습 중 하나다. 이런 아이에게 자신의 행동을 인지하고 참아보라고 강요하는 것은 불안한 감정을 그대로 참으라는 말과 똑같다. 그게 쉬울 리 없는 것이다. 그러므로 아이의 감정을 먼저 알아차리고 불안을 없애주는 것이 먼저다. 이때는 놀이나 이완 활동을 통해 불안을 해소해주는 방법이 효과적이다. 함께 상호작용 놀이를 하며 부모의 애정을 느낄 수 있도록 해준다면 드라마틱한 변화를 경험할 수 있다.

아이가 느끼는 스트레스를 덜어주자

친구들과 노는 것을 좋아하는 상원이는 적극적이고 활달한 성격이어서 친구들에게 인기가 많다. 하교할 때도 꼭 놀이터에 들러 친구들과 함께 놀다 온다. 그런데 친구들과 놀다가도 꼭 한 번씩 성기에 손을 넣고 긁거나 만지는 모습이 관찰되었다. 처음에는 '화장실에 가고 싶은

데 노느라 참는 건가?' 싶었다. 하지만 상원이에게 물어보면 용변 의사가 없다고 하고, 어떨 땐 그냥 간지러웠다고만 이야기했다. 병원에 데려가 혹시 염증이 있는 건 아닌지 확인했지만 이상소견은 보이지 않았다. 자위는 부끄러운 행동이라고 알려주고 사람들 앞에서는 하면 안 된다고 설명해주었지만 아이가 숙제를 하면서도 무의식중에 같은 행동을 하고 있어 걱정이 크다.

남자아이들의 성기는 돌출되어 있어 만지거나 옷을 잡아당기는 경우 더욱 쉽게 눈에 띄게 된다. 상원이는 친구들과 잘 노는 활발한 성격인 데다 놀면서 성기를 만지면 그게 유독 눈에 띄어 엄마로서는 신경을 쓰지 않을 수 없는 노릇이었다.

간혹 남자아이들에게 성기를 만지는 이유를 물어보면 고추가 간지러워서 그렇다고 대답하는 경우가 있다. 이때는 두 가지 상황을 염두에 둘 수 있다. 첫째는 정말로 성기가 간지러운 것인데 상원이처럼 염증이 원인이 아니라면 틱tic을 의심해볼 수 있다. 틱 중에서도 운동틱은 신체 일부의 근육이 반복적으로 빠르게 움직이는 현상이다. 간혹 성기의 근육이 움직이면서 간지럽게 느껴질 수도 있다.

두 번째는 조금 다른 상황이다. 아이에게는 부모가 "왜 만지는 거야? 간지러워서 그러는 거야?"라고 물었을 때 그렇다고 대답하면 갈등이 해소된 경험이 있다. 그래서 이 경험을 기억해두었다가 이후에도 난처한 상황을 무마하기 위해서 그저 거짓으로 내놓는 대답일 수도 있다.

앞의 사례에 나온 상원이는 원래 알레르기가 있어 자주 긁어달라고 하는 편이었다. 간지럽다고 말하면 부모가 쉽게 용인하고 넘어가준 경험 탓에 간지럽다는 대답이 나왔을 수도 있고, 정말 틱에 의한 자위 행동처럼 보였을 가능성도 있다. 알레르기와 틱이 서로 관련이 있다는 연구 결과도 나와 있는 만큼 조금 세심히 살펴볼 필요가 있다. 무엇보다 틱은 스트레스로 인해 발생하는 경우가 많다. 상담을 해보니 상원이는 초등학교 입학을 하면서 학업 관련 스트레스가 심했다. 결국 부모 상담을 통해 이 스트레스 원인을 해결해주자 상황은 빠르게 호전되었다.

아이의 문제를 적극적으로 돕자

자위하는 아이의 모습을 목격한 부모가 당황하고 걱정되는 것은 당연하다. 하지만 그 모습을 보고 놀라거나 화를 내거나 놀리면 아이 또한 덩달아 놀라고 불안해지면서 부모가 보지 않는 곳에서 몰래 자위를 할 가능성이 있다.

일시적으로 보이는 발달 과정상의 행동이라면 크게 신경 쓰지 않고 자연스럽게 넘어가주어도 좋을 것이다. 그런데 만약 빈도가 갖고 어린이집이나 유치원에서 선생님과 친구들에게 지적받는 상황이라면 문제가 다르다. 혹시라도 아이에게 평생의 상처나 죄책감으로 남을지도 모를 일이기 때문이다. 여기서 부모의 반응이 매우 중요하다. 부모가 당황하지 않을 수 있다면 좋겠지만, 혹시라도 당황스러운 감정이 들 때는 잠시 틈을 주고 쉬었다가 감정이 조금 추슬러졌을 때 아이와 차분하게 대화를 나누며 설명해주면 좋다.

먼저 아이들에게 자기 성기를 소중히 다뤄야 한다는 점을 알려주자. 성교육 관련 도서를 함께 읽으면서 아이 눈높이에 맞추어 설명해주는 것도 좋은 방법이다. 단, 아이가 죄책감이나 부정적인 생각을 품지 않도록 긍정적인 표현을 사용해야 한다. 또는 아이가 성기에 집중하지 않고 다른 놀이나 활동에 몰입할 수 있도록 도와주어도 좋다. 퍼즐, 블록, 가위질, 보드게임 등 손으로 하는 활동이나 신체활동이 도움이 된다.

일반적으로 아동의 자위 행동은 많은 경우 부모와 관련한 애착 문제나 불안, 외로움 등의 심리적 요인이 얽혀 있으므로 아이가 애정 욕구를 충족할 수 있도록 공감하고 소통하는 시간을 갖는 게 먼저다. 무엇보다 적절한 대처를 통해 아이가 올바르게 성장할 수 있도록 도우려는 마음이 필요하다고 하겠다.

우리 아이는 왜 이렇게 산만할까

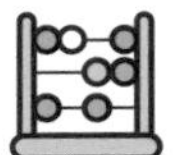

아이가 건강하게 뛰어놀고 세상을 탐색하면서 지적 호기심을 채워가는 모습을 보면 부모로서 뿌듯하고 행복한 마음이 들기 마련이다. 한 발 한 발 어설프게 걷던 아기가 어느새 활발하게 뛰어다니는 아이가 되었다니 한편으로는 감동적이고 한편으로는 고마움이 밀려온다. 성장기 아이답게 끊임없이 몸을 움직이고 까불다가 넘어지고 다치기 일쑤지만 그래도 부모의 얼굴에선 웃음이 떠날 줄 모른다.

그런데 아이가 다니는 유치원에 상담하러 가서 뜻밖의 말을 들은 부모는 조금 걱정이 된다. 유치원 담임 선생님에게서 아이가 '다른 친구보다 개구지다' '장난이 좀 심하다' '고집이 세다' '규칙을 잘 지키지 않는다' 같은 평가를 들어서다. 선생님은 아이가 아직 어리고 자기주장이 강한 편이라서 그럴 수도 있다고 덧붙이며 부모를 안심시킨다. 아직은 배우는 단계이고, 점점 나아질 것이라는 기대를 버리기에는 이른 것도 사실이다. 집에 돌아온 부모는 차분히 아이를 가르치고 사회성을 키워주려 노력한다.

그런데 시간이 지나도 상황이 나아지지 않으면 조금씩 문제가 생긴다. 어느덧 초등학교에 간 아이의 담임 선생님이 부모에게 연락해서 아이의 공격성이나 산만함, 또래 관계에서 생기는 문제를 이야기한다. 선생님은 ADHD 상담을 받거나 병원에 다녀오는 게 어떻겠냐고 안내한다. 아이가 왜 그렇게 행동했을지 짐작이 가는 부모로서는 선생님께 서운한 감정이 들기도 하지만 요즈음 ADHD와 관련한 이야기가 많다 보니 정말 우리 아이가 ADHD가 아닌지 염려하는 마음도 생겨난다.

ADHD란 무엇일까

이른바 주의력 결핍 과잉 행동장애ADHD: Attention Deficit Hyperactivity Disorder는 주의 산만, 과잉 행동, 충동성 증상을 보이는 신경계 발달 장애를 말한다. ADHD는 세계적으로 인구의 6~8퍼센트가 앓고 있는 질병이다. 대체로 여자아이보다 남자아이 쪽에서 4배 정도 많이 발병한다고 보고 있지만, 과잉 행동이 눈에 띄지 않는 조용한 ADHD가 있다는 점을 생각해보면 완전히 그렇다고 단정할 수는 없다. 발병 연령은 초기 아동기로, 대개 부주의해서 학업이나 작업을 수행하는 데 문제를 드러내며, 가만히 있거나 기다리지 못한다. 규칙을 지키거나 하기 싫은 일을 해야 할 때도 어려움을 겪는다. 간혹 집중하지 못하는 게 ADHD의 특징이라고 생각해 블록 놀이나 책 읽기를 오랜 시간 수행하는 아이는 ADHD가 아닐 것이라 예상하지만 딱히 그렇지도 않다. 좋아하는 활동이 아니라 하기 싫은 활동을 얼마나 잘 참아낼 수 있느냐가 관건이다.

ADHD는 성인이 되면 40퍼센트 정도는 자연스럽게 호전된다. 그러나 성인기까지 증세가 치료되지 않고 쭉 이어지면 강박장애, 틱장애, 우울장애, 불안장애, 학습장애 등 2차적 심리 문제를 동반할 수 있어 적절한 치료와 조기 개입이 필요하다.

ADHD는 유전적 요인과 임신·출생 시의 요인, 신경생물학적 요인 그리고 심리사회적 요인 등으로 나누어 생각해볼 수 있다. 우선 유전적 요인과 밀접한데, 연구 결과에 따르면 부모가 ADHD일 경우 자녀 또한 57퍼센트의 확률로 ADHD였다. 238쌍의 쌍둥이를 연구한 다른 연구에서는 일란성일 경우 ADHD 공병률이 51퍼센트, 이란성일 경우 33퍼센트였다. 또 형제자매일 때는 그렇지 않은 경우보다 공병률이 2배 더 높았다.

때로는 임신 중 산모의 음주와 흡연이 태아의 뇌성장에 영향을 주고, 출생 중 외상 사고로 인해 일어난 뇌손상이나 전두엽의 기능 저하가 원인이 되기도 한다. 전두엽(이마엽)은 두뇌의 가장 앞쪽에 위치하며 충동을 억제하고 집중력을 유지하는 역할을 한다. 아이들이 사춘기가 되면 전두엽의 신경전달물질인 도파민의 영향을 받아 감정 기복이 심해진다. 이때가 바로 우리가 '중2병'이라고 부르는 시기다. 그만큼 전두엽은 인간의 행동을 통제하고 감정을 조절하는 데 중요한 역할을 한다. 전두엽 미성숙은 중추신경계의 도파민, 노르에피네프린 같은 신경전달물질에 문제를 일으킬 수 있다.

ADHD의 대표 증상과 유형

예나 엄마는 예나가 평소 말이 많고 자기주장이 강해서 또래 친구들과 종종 문제를 빚는 게 걱정이다. 놀다가 의견이 충돌하면 큰소리로 따지거나 뜻대로 안 될 때 화를 참지 못하고 우는 모습을 보여서다.

담임 선생님과 상담해보면 공부도 열심히 하고, 또 친구들과 문제가 생겨도 방법을 알려주면 곧잘 따라와준다고 하는데, 집에서 보는 예나의 모습은 탐탁지 않은 점이 많다. 5분 안에 끝낼 수 있는 학습량을 30분이 넘도록 붙잡고 있고, 문제집 귀퉁이에 그림을 그리는 등 딴짓을 많이 한다.

예나 엄마는 아이를 혼내고 싶지 않지만 반복되는 모습에 자꾸 실망스러워 혼을 내게 되고, 초등학생이 되니 유독 아이의 짜증이 심해지는 것 같아 걱정이다. 엄마에게 혼나는 게 더 나쁜 영향을 주는 것은 아닌지, 공부 스트레스가 크지는 않은지 염려되기도 한다. 아이가 조금만 신경 쓰고 노력하면 될 것 같은데 열심히 하지 않는 모습에 참으려 했던 화가 자꾸 난다.

ADHD는 과잉 행동-충동성이 우세인 ADHD와 주의력 결핍형인 조용한 ADHD, 과잉 행동-충동성과 주의력 결핍을 동반한 혼합형 ADHD로 나눌 수 있다. (ADHD의 대표적 증상은 204쪽 참고.)

첫 번째, 과잉 행동-충동성 우세형 ADHD인 아이는 눈에 띌 정도로 행동이 크고 활발하며, 별다른 고민 없이 위험한 행동을 일삼는다. 부주의하고 불필요한 행동을 해서 잘 다치고, 물건을 잘 망가뜨리기도 한다. 간혹 사소한 것에 화를 내고, 끓어오르는 분노를 참지 못해 친구를 때리거나 공격적인 행동을 보일 때도 있다.

두 번째, 주의력 결핍 우세형 ADHD인 아이는 흥미를 느끼는 일에는 주의를 기울이지만 흥미가 다소 떨어지는 과제를 수행할 때는 집중에 어려움을 드러낸다. 이런 아이들은 한 가지 일을 진득하게 하지 못하고 수업 중에 잘 앉아 있는 것처럼 보여도 사실은 공상에 잠길 때가 많다. 숙제나 심부름 등 해야 할 일을 잊어버리고, 물건도 자주 잃어버린다.

혼합형 ADHD는 과잉 행동과 주의력 결핍 두 가지 유형의 특징을 모두 나타내는 형태를 말한다.

과잉 행동 충동성이 우세인 ADHD나 혼합형 ADHD는 산만한 행동이 외형적으로 눈에 띄기에 진단이 빠른 편이다. 하지만 예전에는 ADD라고 불렸던 주의력 결핍인 조용한 ADHD는 'H'hyperactivity(과잉 행동)가 없어 과잉 행동을 보이지 않기에 겉으로 눈에 띄지 않는 편이다. 당연히 진단을 받으러 오는 확률이 적어 ADHD 아동 4명 중 1명 정도의 비율을 나타낸다. 여자아이의 진단율이 낮은 것도 이러한 이유에서다. (조용한 ADHD에 관해서는 207쪽 참고.)

예나는 과잉 행동-충동성이 우세인 ADHD였다. 그런데 왜 ADHD 증상이 눈에 잘 띄지 않았을까. 이것은 여자아이의 특성에 기인하는 면이 크다. 여자아이는 자신의 입장이나 상황을 비교적 잘 설명하고, 충동성이 짜증이나 화(소리 지름), 울음 등으로 나타나기에 담임 선생님이나 학원 선생님이 아이의 문제점을 확인하기가 어려운 경우가 많다. 특히 저학년일 때는 공부가 그다지 어렵지 않아 성적도 나쁘지 않은 편이다. 그러다 고학년이 되면 수업을 따라가기 힘들어지고 또래 관계에 문제가 발생하면서 증세가 더욱 도드라지게 된다. 따라서 여자아이를 키우는 부모라면 여자아이의 ADHD가 남자아이의 ADHD와 다르게 보일 수 있다는 점에 주목해야 한다.

예나의 경우 과잉 행동-충동성이 우세인 ADHD이지만 자리를 돌아다니거나 폭력적 혹은 공격적 행동을 보이지 않아 성격이 활발한 정도로만 여기기 쉬운데, 과잉 행동은 단지 겉으로 보이는 것으로 판단해서는 안 된다. 감정의 과잉 행동도 체크가 필요하다. 특히 과한 울음과 짜증, 고함, 큰 목소리, 상대가 말을 미처 끝맺기도 전에 서둘러 대답하거나 질문하는 모습도 과잉 행동 및 충동성에 포함된다.

예나는 자신의 감정을 말로 설명하고 차분히 표현하는 연습을 통해 감정의 충동성을 조절하는 데 초점을 맞추었다. 또한 가정에서도 아이가 충동적으로 감정을 표현했을 때(울음, 짜증, 화, 분노 등) 적절한 감정 표현 방식을 안내하고, 그렇게 할 때마다 칭찬과 반응을 해주면서 새로운 표현 방식에 익숙해지도록 도왔다. 감정 표현이 점차 원활해지면서 예나의 울음과 짜증은 눈에 띄게 줄어들었고, 소리를 지르며 말하는 태도가 온전한 대화로 변화하면서 또래 관계 문제도 자연스럽게 해결되었다.

죄책감에 휩싸이기보다는 적극적인 치료가 먼저다

태현이는 미술 전공으로 대학 입시를 준비하고 있다. 여유 시간도 거의 없을 만큼 공부하고 있지만 들인 시간이나 노력에 비해 성적이 나오지 않아 스스로에게 실망할 때가 많다. 학원에서 모의 시험을 볼 때는 괜찮은데 실전에서 점수가 나오지 않는 것도 답답하다. 어쩌다 스케줄이 꼬이거나 일정이 어그러지면 견딜 수 없이 화가 나고 불안해지기도 한다. 또래에 비해 공부에 투자하는 시간은 많은 것 같은데 결과가 잘 나오지 않는 상황에서 무엇이 문제인지 알고 싶은 마음이 크다.

태현이 엄마는 열심히 노력하는 아이가 실망할까 봐 겉으로 드러나는 표현을 자제하고 있지만 아이가 자주 낙담하는 모습을 보여서 답답하면서도 안쓰럽게 느껴진다. 이제 대입이 코앞이라 아이를 다그치기에는 시간이 부족한 느낌이다.

많은 부모가 아이의 ADHD 진단을 두고 자기 탓이라며 자책을 많이 한다. 그러나 이것은 불필요한 자기 학대에 가깝다. 실제로 ADHD는 양육 환경에 영향을 받기도 하지만 타고난 기질과 전두엽의 기능 저하 같은 요인이 더 크게 작용한다. 그러므로 아이의 상황을 이해하고 좀 더 좋은 방향을 찾아 해결해나가는 데 목표를 두면 좋겠다.

대체로 ADHD와 관련해서 상담을 진행하다 보면 처음 진단받는 시기가 초등 저학년일 때가 가장 많다. 유치원 때까지는 장난이 심하고 호기심이 많으며 자기주장이 강한 편이라고만 생각했던 아이들이 학교에 가면서부터는 질서를 지키지 않고 산만하며 불편을 주는 아이라는 지적을 받기 시작한다. 자꾸 선생님께 혼이 나고 또래 관계에 어려움도 생겨난다. 그러다가 결국 상담이나 병원 방문을 권유받게 되는 것이다.

ADHD가 지속되면 자존감이 하락하고 불안과 우울을 경험하게 된다. 이런 증상이 길고 심해지면 강박이나 만성우울까지 함께 찾아온다. ADHD라는 진단을 받으면 아마도 약물에 관련된 부분이 염려될 것이다. 나는 평소 약을 많이 권하지 않는 편이지만 ADHD는 조금 다르다. 행동 치료로도 변화할 수 있지만, 꾸준히 상당한 기간 진행해야 하므로 아이의 자존감과 사회성, 가정에서의 부모 자녀 관계에 악영향을 줄 수 있다. 병을 앓는 기간이 길어지면 삶의 질이 떨어진다. 그래서 약물 치료를 병행해서 적극적으로 치료해보자고 권하는 것이다.

제약회사마다 다른 이름(페니드, 콘서타, 메디키넷, 메타데이트)이지만 우리나라에서 쓰이는 ADHD 관련 약물은 메틸페니데이트가 주성분이다. 메틸페니데이트는 중추신경계를 자극해 집중력을 조절하고 각성을 향상시키는 향정신성의약품의 일종이다. 부작용은 제품마다 차이가 있지만 불면과 식욕감퇴, 두통, 복통이 가장 흔하다. 부작용이 있는 경우 약의 용량을 조절하거나 다른 성분의 약으로 바꿔주면 도움이 된다. 아토목세틴(스트라테라, 아토목신, 아목세틴, 아토세라 등)은 메틸페니데이트에 비해 효과가 서서히 나타나지만 향정신성의약품이 아니고 메틸페니데이트에 효과를 보지 못하는 사람에게 사용된다.

약 복용은 결국 부모의 선택이므로 신중할 필요가 있다. 그러나 일단 약을 먹기로 결정했다면 아이의 변화를 잘 관찰하면서 의사 선생님이 알려주는 복용 방법을 잘 확인해야 한다. 주변의 지인이나 상담 선생님, 담임 선생님의 이야기를 듣고 임의로 복용을 중단하거나 용량을 변경하는 일은 당연히 자제해야 한다. ADHD를 진단하고 평가하는 것은 전문가의 관찰과 관련 검사를 통해 이루어지는 만큼 전문적인 소견을 믿고 맡기는 것이 무엇보다 중요하다.

위의 사례에 나온 태현이는 조용한 ADHD 진단을 받고 약물 복용을 시작했다. 약을 복용하면서 치료를 받자 이전에 비해 성적도 좋아지고 산만한 행동도 많이 줄어들었다. 노력에 비해 결과가 좋지 않고 학원에서 부정적 피드백을 많이 받으면서 불안과 강박으로 힘들어했지만 집중력이 회복되면서 좋은 결과를 내고 자신감을 되찾을 수 있었다.

ADHD는 치료 가능하다

약물 치료 외에 도움을 받을 수 있는 행동 치료는 무엇보다 규칙적으로 꾸준한 활동을 하는 것이다. 해야 할 일을 꾸준히 체크하면서 점진적으로 늘려가면 좋다. 예를 들어 숙제나 책 읽기, 자리에 앉기, 놀이 활동의 시간을 미리 정해 수행하고, 그 시간을 점차 늘려가며 성공 확률을 높여주는 식이다.

이때 성공 확률을 높이기 위한 가장 효과적인 방법이 바로 칭찬이다. 못했을 때 지적하고 비난하기보다 조금만 좋아져도 칭찬하고 격려하는 분위기가 만들어지면 아이는 스스로 할 수 있다는 자신감을 되찾고, 이것이 곧 동기부여로 연결된다. 다만 칭찬을 할 때 굳이 좋은 선물을 해줄 필요는 없다. 함께 보드게임을 하거나 밖에 나가서 맛있는 것을 먹는 등 가족과 함께하는 활동으로 보상해준다면 충분하다.

또한 ADHD 아동의 경우 지적과 핀잔을 많이 듣다 보면 자기도 모르게 예민해지고 감정적으로 상처를 많이 받게 된다. 그래서 부모가 아이의 행동을 수정하는 데 신경을 써야 하고, 그러기 위해서 먼저 감정을 잘 살펴줄 필요가 있다. 감정을 잘 표현할 수 있도록 이야기를 이끌어주고, 많이 들어주고, 알아차려주어야 한다. 이런 소통이 자연스레 이루어지려면 먼저 아이가 부모와 함께하는 시간이 편안하고 안정적이라고 느껴야 할 것이다.

여러 방법이 있겠지만 그중 잡다한 생각으로 피곤해진 두뇌에 휴식을 주고 예민했던 감정을 누그러뜨리는 최고의 심리적 안정제는 부모가 잠자리에서 읽어주는 독서이다. 이때 책 읽기의 목적은 교육이 아니므로 아이가 눈을 감은 채 부모가 읽어주는 책을 귀로 들으면서 편안하게 잠을 청하는 것을 우선순위로 삼아야 한다. 잠자리 독서는 구연동화처럼 굳이 재미있게 읽어주지 않아도 된다. 오히려 차분하게 다독이는 목소리로 잠을 잘 수 있도록 유도하는 편이 좋다. 이런 잠자리 독서는 아이에게 심리적 안정감을 선물하고, 부모의 목소리에서 편안함과 신뢰를 느끼도록 만든다.

다시 한 번 강조하지만 ADHD는 치료가 가능하다. 아이의 잘못도 아니다. 그러므로 마냥 아이의 문제 행동을 걱정하기보다 부모로서 자신의 태도를 되돌아보고 아이의 치료를 적극적으로 돕는다면 어느 새 가족 간의 신뢰가 회복될뿐더러 오히려 한층 더 단단해져 있을 것이라고 믿는다.

ADHD의 유형과 대표적 증상

ADHD의 대표적인 증상은 주의력 결핍(지속적인 부주의)과 과잉 행동 및 충동성으로 나뉜다.

주의력 결핍의 징후

① 외부 자극(후기 청소년과 성인의 경우에는 관련이 없는 생각들이 포함될 수 있음)에 의해 쉽게 산만해진다.

② 세부 사항에 주의를 기울이지 못하고 학업, 작업 또는 다른 활동에서 부주의로 인해 실수를 저지른다. (예: 세부적인 것을 못 보고 넘어가거나 놓친다. 문제를 빠뜨리고 풀거나 작업이 부정확하다.)

③ 주의를 지속적으로 유지하는 데 어려움을 겪는다. (예: 수업, 대화 또는 긴 글을 읽을 때 계속해서 집중하기가 어렵다.)

④ 정신적인 노력을 지속적으로 투입해야 하는 일을 회피하고 싫어한다. (예: 학업 또는 숙제, 놀이를 할 때 지속적으로 집중할 수 없다.)

⑤ 사람들이 이야기할 때 경청하지 않는 것처럼 보인다.

⑥ 지시를 따르지 않고, 학업이나 맡겨진 책임을 수행하지 못한다. (예: 과제를 시작하지만 곧 집중력을 잃고 쉽게 곁길로 샌다.)

⑦ 과제나 활동을 체계화하는 데 어려움이 있다. (예: 순차적인 과제를 처리하기 어려워한다. 물건이나 소지품을 정리하지 못한다. 지저분하고 체계적이지 못

하다. 시간관리를 잘하지 못해 마감 시간을 맞출 수 없다.)

⑧ 연필, 책, 지갑, 열쇠, 안경, 휴대폰 등 과제나 활동에 꼭 필요한 물건을 자주 잃어버린다.

⑨ 매일 해야 하는 일과를 잊어버린다. (예: 학원 가기, 숙제하기, 심부름하기. 후기 청소년과 성인의 경우에는 전화 회답하기, 약속 지키기.)

과잉 행동의 징후

① 가만히 앉아 있지 못하고 손이나 발을 만지작거리며 의자에 앉아서도 몸을 꿈틀댄다.

② 가만히 앉아 있어야 하는 교실이나 다른 상황에서 자리를 벗어나 돌아다닌다.

③ 지나치게 돌아다니거나 뛰어다니고 기어오르는 등 부적절한 행동을 한다. (청소년의 경우 안절부절못하는 태도로 나타날 수 있다.)

④ 조용하게 놀거나 조용한 활동을 하기 어렵다.

⑤ 때로는 마치 모터가 달린 것처럼 행동을 멈추기가 어렵다.

⑥ 지나치게 수다스럽다.

충동성 징후

⑦ 질문이 끝나기 전에 성급하게 대답한다. (예: 다른 사람의 말을 가로챈다.)

⑧ 자기 차례를 기다리지 못한다. (예: 줄을 서 있는 동안 기다리기 힘들어한다.)

⑨ 종종 다른 사람의 활동을 방해하거나 끼어든다. (예: 대화나 게임, 활동에 참견한다.)

⑩ 불필요한 행동을 해서 자주 위험한 결과를 초래한다. 잘 다치거나 물건을 잘 망가뜨리기도 한다.

주의력 결핍 우세형과 과잉 행동-충동성 우세형은 각각에서 제시된 증상 가운데 여섯 개 이상이 적어도 6개월 동안 발달 수준에 적합하지 않고 여러 활동에 직접적으로 부정적인 영향을 미칠 정도로 지속되었을 경우를 말한다. 단 이러한 증상이 반항적 행동이나 적대감 또는 과제나 지시 이해의 실패 탓에 초래된 모습이 아니어야 한다. 후기 청소년이나 성인(17세 이상)의 경우는 적어도 다섯 개 이상을 만족해야 한다. 그 외에 몇 가지 부주의 또는 과잉 행동-충동성 증상이 12세 이전에 나타나며, 부주의 또는 과잉 행동-충동성 증상이 두 개 또는 그 이상 존재해야 한다.

조용한 ADHD 자가 진단 (아동)

흔히 ADHD라고 하면 가만히 자리에 앉아 있지 못하고 몸을 이리저리 움직이거나 자리를 박차고 일어나 돌아다니는 모습, 충동성을 자제하지 못하고 소리를 지르거나 돌발 행동을 하는 모습을 떠올린다. 이러한 과잉 행동이 발현되는 ADHD는 눈에 띄므로 쉽게 문제를 확인하고 치료 시기도 놓치지 않을 수 있다. 하지만 조용한 ADHD는 과잉 행동이 없어 식별하기 어려운 점이 많다. 가만히 앉아 수업을 듣고 있어서 집중 여부를 파악하기가 어려운 것이다. 예를 들어 시험 성적이 좋지 않아도 집중의 문제보다는 노력이 부족했기 때문이라 여기기 쉽고, 아이도 자기 자신을 비난하면서 자존감에 영향을 받는다.

아래 15가지 문항을 통해 조용한 ADHD의 경향을 어느 정도 판별할 수 있다.

A: 없음 B: 드물게 발생 C: 때때로 발생 D: 자주 발생 E: 매우 자주 발생

내용	A	B	C	D	E
1. 아이가 준비물을 챙기는 것을 잊거나, 문제지를 가져오는 것을 잊어버리거나, 숙제의 내용을 적는 것을 잊어버린다.	0	1	2	3	4

2. 아이에게 자신만의 세계가 있어 보인다. 빈 곳을 응시하면서 공상에 빠진다.	0	1	2	3	4
3. 숙제를 할 때 의욕이 없고 미루는 습관이 있다. 그리고 학습을 수행하기 위해서는 선생님들의 독려가 많이 필요하다.	0	1	2	3	4
4. 학습을 진행할 때 몇 번 반복해서 설명해도 기억을 못 하는 경우가 있다.	0	1	2	3	4
5. 장난감을 가지고 놀거나, 텔레비전을 보거나, 다른 행동을 하다가 학교(학원, 유치원)에 가야 하는 시간을 잊어버린다.	0	1	2	3	4
6. 세 가지 이상의 순서가 필요한 일을 지시했을 때 첫 번째와 두 번째 순서까지는 완료하지만 세 번째부터는 잊어버린다.	0	1	2	3	4
7. 상대적으로 간단한 숙제는 잘하지만 오랜 시간이 필요한 숙제(글쓰기)는 한 번에 하지 못하고 중간중간에 다른 일을 하다가 다시 해야 한다.	0	1	2	3	4
8. 집안일을 할 때 순서대로 하지 못하고 물건을 자주 망가뜨린다.	0	1	2	3	4
9. 이전에 했던 일을 동일하게 하는 상황에서도 시간을 정확하게 예측하기 어려워하는 등 시간 관리에 어려움이 있어 보인다.	0	1	2	3	4
10. 아이가 학습 중에 발생한 다른 흥미로운 상황 때문에 주의가 산만해져서 집중하지 못한다.	0	1	2	3	4
11. 아이 방에 옷, 종이, 장난감 등이 여기저기 흩어져 있어 엉망이다. 책상은 종이나 잡동사니로 가득하다.	0	1	2	3	4
12. 아이가 최대한 과제를 미루고 있다가 시킬 때만 한다. 하지만 시작해도 곧 산만해져서 짧은 시간만 하고 한 번에 하지 못한다.	0	1	2	3	4

13. 아이에게 이야기할 때 아이가 허공을 보는 듯 주의를 기울이지 않는 것이 느껴진다. 무언가를 물어봤을 때 답변하는 반응이 느리다.	0	1	2	3	4
14. 몇 분 간격으로 놀이(장난감)를 바꾸면서 논다. 반면에 흥미가 있는 놀이나 게임은 몇 시간이나 지속한다.	0	1	2	3	4
15. 친구를 사귀는 데 어려움이 있어 보인다. 다른 사람과 지내는 것에 흥미가 없고 혼자 있기를 즐긴다.	0	1	2	3	4
합계					
총점					

표에서 선택한 숫자를 전부 합산한 점수가 45~60점이라면 자녀가 조용한 ADHD와 같은 증상을 경험할 가능성이 있으니 임상평가를 통해 정확한 진단을 받아보기를 권한다.

ADHD는 단순한 보고 형태로 체크해서 진단할 수 있는 게 아니다. ADHD 관련 검사라든가 컴퓨터를 통해 주의력을 객관적으로 평가하는 지속수행 검사, 종합주의력 검사, 정밀주의력 검사도 진단에 도움이 된다. 무엇보다 확실한 진단을 내리기 위해서는 전문가와의 면담이 필요하며 동반질환 및 출생력, 발달력, 과거 병력, 가족력을 포괄적으로 확인하고 지능 검사와 정서 검사도 시행해야 한다.

• DSM-5를 기반으로 미국정신의학회에서 개발했다. 검수자는 로베르토 올리바디아 Roberto Olivardia 박사이다.

자꾸 거짓말을 해요

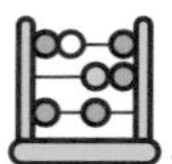

거짓말은 누군가를 속이는 일이다. 자녀가 거짓말을 하는 모습을 맞딱뜨리면 부모들은 화가 나는 한편 실망한다. 자칫 버릇이 들어 계속 거짓말을 일삼다가 아이가 주위의 신뢰를 잃어 힘든 상황을 겪을까 봐 염려도 된다.

아이들이 거짓말을 하는 데는 여러 가지 이유가 있다. 잘못을 감추고 싶은 마음에, 인정받고 싶어서, 혹은 자기주장을 관철하려고 거짓말을 한다. 때로는 승부에서 이기고 싶거나 관심을 받고 싶은 마음에 거짓말을 하기도 한다. 부모로서는 아이가 금방 들통날 거짓말을 하는 모습을 보면 답답한 마음이 클 것이다. 그러나 아이들은 뒤에 올 결과를 고려하기보다는 당장 혼나는 상황을 미루고 싶은 마음이 앞선다. 그러므로 자녀가 거짓말을 할 때는 먼저 어떤 이유로 그런 거짓말을 했는지 파악하고 대화를 통해 문제를 해결하려는 자세가 필요하다.

아이들의 거짓말은 발달 단계에 따라 조금 다르게 해석할 수 있다. 대략 3세 이상이 되면 거짓말하는 것이 자연스럽게 이루어진다. 4세 이후의 아이들은 어휘력이 풍부해지고 사고가 확장되며 창의성과 상상력이 발달한다. 게다가 아직 어리다 보니 꿈과 환상을 구분하지 못해 동화책이나 영상물, 주변에서 들은 이야기를 조합해서 마치 자신이 직접 경험한 것처럼 이야기하기도 한다. 이때는 거짓말과 현실을 잘 구별해 설명해주어야 한다. 발달 단계상 4~6세의 아이들이 가장 거짓말을 많이 하는데 초등학교에 들어갈 무렵이 되면 현실감이 생기면서 이런 거짓말이 자연스럽게 줄어든다. 하지만 이미 현실과 상상을 구별할 수 있는 나이인데도 거짓말을 하고 있다면 아이가 어떤 이유로 거짓말을 하는지 세심히 들여다보아야 한다.

거짓말이 재미있어서

새 학년이 되어 새로운 친구들을 만난 채원이가 친구들 앞에서 자랑스레 이야기했다.

"어제 더워서 맨몸에 조끼만 입고 다녔다!"

아이들은 채원이의 우스꽝스러운 모습을 상상하곤 깔깔 웃으며 즐거워했다.

채원이는 활발하고 또래 친구들과 잘 어울리는 밝은 아이다. 학교 선생님이나 학원 선생님들도 채원이가 적극적이고 재미있는 아이라며 칭찬해준다. 그런데 요즘 채원이 엄마는 은근히 걱정이 된다. 아이가 가벼운 거짓말을 하는 빈도가 늘고 있기 때문이다. 최근에는 학원 선생님께 세뱃돈으로 100만 원을 받았다고 거짓말을 하고, 자동차 바퀴에 발이 깔렸는데 괜찮았다는 거짓말도 했다. 누가 들어도 금방 탄로 날 거짓말을 하니 아이를 크게 혼내게 되고, 이것이 반복되면서 아이와 사이가 나빠지는 것 같다. 혼을 내고 나서 알아듣게 설명해주는데도 채원이의 거짓말은 왜 멈추지 않고 계속되는 것일까?

채원이는 "조끼만 입고 다녔다!"라고 말했을 때 아이들이 자신에게 집중하는 분위기가 즐거웠다. 세뱃돈으로 선생님께 100만 원을 받았다고 했을 때도 주변에서 "우와~ 좋겠다"라는 반응이 터져 나왔다. 채원이는 아마도 그 순간 평소 자신이 갈구하던 애정과 관심이 채워지는 느낌을 경험했을 것이다.

채원이가 거짓말을 하는 이유는 한마디로 주위의 강도 높은 관심을 원하기 때문이다. 이럴 때 거짓말을 한다고 혼이 나거나 지적을 받는다면 그 순간은 주눅이 들고 눈치를 보더라도 결국 또 거짓말을 하게 될 수밖에 없다. 자신에게 관심이 집중되는 상황이 채원이를 신나고 즐겁게 하기에 거짓말을 멈출 수 없는 것이다. 평소 무관심하던 부모나 선생님, 그리고 친구들이 자기 말에 관심을 보이거나 재미있어하는 자극은 말로 표현할 수 없을 만큼 짜릿하다.

이때의 거짓말은 아이에게 애정이 필요하다는 신호다. 지적하고 비난하기보다는 먼저 이야기를 들어주고 사실관계를 정리해주면서 거짓말을 하지 않아도 애정을 받을 수 있다는 점을 충분히 느끼게 해주면 된다.

상황을 회피하고 싶어서

"학원이니까 10시까지 들어갈게요."

대호는 엄마와의 통화 끝에 이렇게 대답했다. 대호와 공원에서 함께 놀던 친구들은 하던 이야기를 다시 이어가며 즐겁게 대화를 나누었다. 밤 10시까지 기다리던 대호 엄마는 아직도 대호가 집에 들어오지 않자 화가 나서 다시 전화를 걸었다. 고등학생이 되고부터 대호가 줄곧 약속을 어기기만 하는 것 같다.

"너 지금 어디야? 엄마랑 약속을 했으면 지켜야지 맨날 거짓말만 하고……. 그렇게 네 맘대로 할 거야?"

엄마는 "당장 와"라는 불호령과 함께 전화를 끊었다. 짜증이 난 대호가 집에 거의 다 도착했을 즈음 전화벨이 또 울렸다. 대호는 이번엔 전화를 받지 않았다. 조금 뒤 친구들과 인사를 나누는 찰나, 전화벨이 또 울렸다. 대호가 전화를 받자마자 잔뜩 화난 엄마의 목소리가 들려왔다.

"너 지금 뭐 하는 거야? 제정신이야? 전화를 왜 안 받아?"

"뛰어오느라 전화가 오는 줄 몰랐어요. 진동으로 해놔서."

대호는 핑계를 대며 친구들에게 손을 흔들고 집으로 들어갔다. 집에 들어온 대호는 엄마의 잔소리에 아무 대꾸도 하지 않았다. 대호 엄마는 더 이상 화낼 힘도 없어 내일부터는 대호의 핸드폰 사용 시간을 줄이겠다고 선언했다.

현장에서 아이들과 상담하다 보면 "귀찮아서 엄마에게 거짓말로 이야기해요"라는 말을 자주 듣는다. 아이가 귀찮아하는 이유는 부모가 자신이 직접 보지 못했던 상황에서 어떤 일이 벌어졌는지 집요하게 추궁하거나 잘잘못을 자꾸 확인하려 들기 때문이다.

대호의 경우도 마찬가지였다. 자신을 믿지 않고 자꾸 물어보기만 하니 추궁을 받는 기분이 들고, 변명하다가 혼이 날까 두려워 아예 말문을 닫아버린 것이다. 이것이 심해지면 나중에 대화가 단절될 수도 있다. 이럴 때는 부모가 걱정하는 상황에서 아이의 마음이나 입장이 어땠는지 먼저 공감해주는 자세가 필요하다.

거짓말은 아이가 성장한다는 또 다른 신호

한편 혼나는 것에 대한 두려움이 큰 아이들도 거짓말을 쉽게 한다. 이런 경우의 거짓말은 이미 자신이 잘못했다는 것을 인지했다는 뜻이다. 그러므로 솔직하게 털어놓아야 문제를 해결할 수 있음을 알려주고, 잘못에 대해 화를 내기보다 문제를 어떻게 해결하면 좋을지 서로 의견을 나누는 것이 필요하다. 부모가 혼내는 일이 반복되면 아이는 두려움에 휩싸여 계속 거짓말을 하게 된다. 거짓말이 늘까 봐 걱정이 되어 더 심하게 혼을 낼수록 아이 입장에서는 두려움이 더욱 커지고 거짓말을 덮으려 또 다른 거짓말을 하게 된다. 그러니 아이의 두려움을 먼저 알아주고 수용하는 것이 먼저임을 꼭 기억하자.

때로 거짓말을 했더니 칭찬을 받고 얻고 싶은 것을 쉽게 손에 넣는 경험을 한 아이들은 이익을 얻기 위해 쉽게 거짓말을 하게 된다. 관계에서도 마찬가지다. 아이가 어떤 상황에서 정직하게 이야기한 것이 오히려 갈등을 빚고, 거짓말을 했더니 갈등을 쉽게 모면했다고 가정해보자. 이렇게 되면 정직해봐야 쓸모가 없다는 것을 깨닫고 거짓말을 하는 편이 더 낫다는 착각에 빠진다. 이런 경우 거짓말을 해서 얻은 보상을 취소해서 자기 말에 대한 책임을 지도록 해야 한다. 솔직하게 말하는 게 더 효과적임을 경험을 통해 알려주는 것이다.

또 하나 기억해야 할 것은 아이의 거짓말이 부모의 거짓말에 큰 영향을 받는다는 사실이다. 싱가포르 난양공과대학교 연구진은 어린 시절 부모에게 거짓말을 많이 듣고 자란 청소년일수록 더 많은 거짓말을 한다는 연구 결과를 발표했다. 사실 부모는 자신도 모르는 사이에 아이에게 수많은 거짓말을 한다. "엄마 간다" "이건 엄마가 다음에 사줄게" "어, 저기 경찰 아저씨 온다" 등 별로 큰 의미를 두지 않고 무심코 했던 거짓말이 때론 나중에 큰 문제가 될 수도 있다. 작은 거짓말이라도 어떤 말은 부모 자녀 간의 신뢰를 무너뜨리고 타인에 대한 불신과 불안을 조장하는 촉매제가 된다는 사실을 기억하자. 간혹 아이에게 상처를 주지 않으려고 선의의 거짓말도 하는데, 문제가 되지 않는 정도라면 차라리 솔직하게 이야기하는 편이 더 낫다.

아이들의 거짓말은 성장 과정에서 나타나는 자연스러운 현상이다. 그러므로 아이가 거짓말을 할 때 '우리 아이가 이젠 거짓말을 하네?'라고 실망하고 화를 내기보다는 '우리 아이가 또 자라고 있구나'라고 생각해보자. 실망과 분노보다는 이해와 공감이 먼저다. 걱정과 불안을 가라앉히고 가만히 귀 기울이면 아이의 어떤 마음이 거짓말을 하게 만드는지 이해하는 데 도움이 될 것이다.

아침마다 엄마와 헤어지기 싫어해요

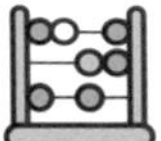

요즘은 맞벌이 부부가 늘어나면서 일과 육아를 병행하는 가정이 많다. 맞벌이 부모에게 가장 힘든 점 가운데 하나는 아침에 아이를 등원시키는 일일 것이다. 그런데 유독 아침마다 아이가 부모에게서 떨어지려고 하지 않아 힘든 가정이 있다. 아이가 엄마와 헤어지기 싫다며 눈물을 쏟아낸다면, 바라보는 부모의 마음도 편치 않고 답답해진다. 가정과 아이의 행복을 위해 열심히 일하는 것뿐인데 당장 아이의 눈에 눈물이 그렁그렁해지면 돈 버는 것도 참 못 할 짓이라는 생각이 드는 것이다.

분리불안의 다양한 원인과 증상

사실 아이들이 부모와 떨어질 때 불안감을 느끼는 것은 매우 당연하다. 분리불안은 생후 7개월부터 생겨나서 3~4세까지 지속되다가 대개는 자연스럽게 사라진다. 간혹 어린이집이나 유치원에 갈 때 분리불안이 도드라지기도 하는데, 대부분 1주에서 2주 정도가 특히 눈에 띈다. 그러나 만약 5~6세 이후에도 아이가 부모와 떨어지는 것을 유난히 힘들어한다면 확인이 필요하다.

분리불안이 심한 아이는 복통이나 구토, 호흡 곤란 같은 신체화 증상을 호소한다. 또 이런 분리불안 증상이 계속되면 특정한 사물이나 상황에 대해 불안감을 느끼고, 심한 경우 죽음에 대한 두려움에 고통받기도 한다. 우울증이나 공황발작 같은 2차적인 심리 문제를 동반할 때도 있다. 그런데 이런 심각한 분리불안은 왜 생기는 것일까?

첫 번째 원인은 타고난 기질이다. 사람마다 성향이 다르듯 기질을 무시할 수는 없다. 남보다 예민하고 낯을 심하게 가리는 아이, 새로운 환경을 두려워하는 등 위험 회피 성향이 높은 아이라면 분리불안을 심하게 겪을 수 있다.

두 번째 원인은 부모의 과잉보호이다. 부모가 지나치게 아이를 보호하려 들면 아이가 점점 의존적이 되고, 그러다 애착 대상과 떨어지는 순간 심한 분리불안을 겪는다.

세 번째 원인은 기존의 경험이다. 만약 아이가 혼자 있는 상황에서 큰 두려움을 느낀 일이 있었다면 분리불안이 심해진다. 예를 들어 과거의 어느 순간 길을 잃어버려서 혼자서 굉장히 무서운 시간을 보낸 적이 있거나 낯선 사람과 함께 오래 있으면서 불안한 감정을 느꼈다면 분리불안이 심해질 수 있다. 비슷하게는 가족에게 큰 사고가 생겨 극심한 트라우마를 겪을 때 마찬가지 증상을 보이기도 한다.

한편, 부모와 애착 관계가 제대로 형성되지 않았을 때도 이런 분리불안 증상이 나타날 수 있다. 아이의 정서적 욕구가 충족되면 부모와 안정적인 애착이 형성되고, 어떤 상황에서도 부모가 자신을 지켜줄 것이라는 믿음을 갖게 된다. 그런데 여러 원인으로 이러한 조건이 만들어지지 않고 불안한 마음이 계속되면서 안정감을 잃는 것이다.

알고 보면 간단한 분리불안 해소법

그럼 이런 분리불안을 어떻게 해결하면 좋을까? 무엇보다 아이를 어린이집이나 유치원에 보낼 때 미리 여유 있는 시간을 확보하라고 권하고 싶다. 대부분 등원 시간이 나갈 채비하기도 바쁜 아침 시간대이다 보니 아이와 헤어질 충분한 여유를 갖기 어려운 것이 사실이다. 잠에서 깨기 무섭게 아침밥을 먹는 둥 마는 둥, 옷을 입는 둥 마는 둥, 양치질하랴 머리 묶으랴 준비물 챙기랴 정신없는 전쟁이 벌어진다. 그런데 이렇게 급하게 준비해서 온 것도 모자라 부모가 갑자기 자신을 어린이집이나 유치원 앞에 내려놓고 도망치듯 떠나버리면 아이는 굉장히 심한 절망과 박탈감을 느낄 수밖에 없다. 헤어짐의 과정에 여유가 있다면 박탈감의 정도를 낮출 수 있다. 아이의 분리불안 때문에 고민 중이라면 아무리 시간적 여유가 없더라도 평소보다 좀 더 시간을 확보하고 아이에게 상황을 충분히 설명해주면서 다정하게 헤어지는 연습을 해보길 권한다.

두 번째로 주의할 사항은 부모가 먼저 불안감을 보이지 말라는 것이다. 사실 부모가 자녀와 떨어지는 일에 분리불안을 느낄 때 자녀에게 이 감정이 전이되어 분리불안을 만들어내기도 한다. 부모가 먼저 불안해하고 걱정하는 모습을 보이는 순간 아이가 느끼는 두려움은 더욱 커진다. 이럴 땐 아이가 부모와 떨어지면서 생기는 두려움에 공감해주고, 언제든 다시 너를 만나러 올 수 있다는 느낌을 주자. 부모가 여유롭고 담담한 모습을 보일 때 아이도 더 차분해질 수 있음을 명심하자.

단계적 노출도 하나의 해법이다. 불안을 해소하는 치료법 가운데 가장 많이 사용하는 것이 점진적인 단계별 노출법이다. 부모가 어린이집이나 유치원 복도에 잠깐 머물러 창문으로 아이를 바라보거나 교문 밖에서 기다린다고 약속하고, 자녀와 떨어지는 시간과 거리를 점차 늘려가면서 헤어지는 연습을 하는 것이다. 시간이 좀 걸리므로 조금 답답할 수도 있지만 사실 매우 효과적인 방법이다. 아이의 감정을 무시하고 억지로 확 떼어놓으면 아이에게 더 큰 불안감이 찾아오므로 아이가 불안을 느끼는 상황에서는 단계적 분리를 접하게 해주는 것이 좋다.

마지막으로 중요한 것은 아이가 사회성과 자신감을 기를 수 있도록 도와주는 것이다. 대체로 분리불안이 심한 아이일수록 자신감이 부족하고 내향적인 성격이다. 이 경우 또래 친구들과 어울려 노는 시간을 늘리고 다양한 상호작용을 통해 사회성을 높일 수 있도록 도와주면 좋다. 감정을 다양하게 표현할수록 친구들과 하는 상호작용에 흥미가 생기고, 더욱 잘할 수 있게 된다. 또래 친구들과 잘 노는 것도 성공 경험의 일종이다. 이런 작은 성공 경험이 여러 개 쌓이면 자신감을 기르고 독립심도 끌어올릴 수 있다.

더 큰 세상으로 향하는 아이를 응원해주자

혼자 힘으로도 무언가 해낼 수 있다는 자신감을 갖는 것은 처음에는 어렵지만 조금씩 경험이 쌓이면 가속도가 붙는다. 이런 힘을 키우기 위해서는 가정에서 아이 스스로 혼자 무엇이라도 시도해보는 시간을 만들어주고, 기대보다 진척이 느리더라도 간섭과 감독을 줄여야 한다. 그래야 아이가 의존적인 성향에서 자연스럽게 벗어날 수 있다.

가정이 아닌 다른 곳에서 시간을 보내고 새로운 사람과 상호작용하는 것은 아이가 더 큰 세상으로 한 걸음 나아가는, 엄청난 변화라고도 할 수 있다. 새로운 변화에는 설렘과 함께 부담도 따른다. 변화에 도전하는 아이를 응원하고 격려하면서 아이 스스로 목표를 이뤄낼 수 있도록 믿고 기다려주자.

아이에게 이상한 습관이 생겼어요

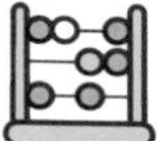

요즘에는 아이의 틱 문제로 상담 문의를 해오는 부모가 유독 많다. 아이가 반복적으로 눈을 깜빡이거나 얼굴을 찡그리고 고개를 휘휘 내저으며, 때로는 이상한 소리를 내거나 엉뚱한 단어를 내뱉는 모습은 걱정을 불러일으킨다. 아이에게서 뭔가 이상한 느낌이 감지되면 부모는 당연히 불안해진다. 그래서 걱정이 잔뜩 묻어나는 소리로 이렇게 묻는다.

"혹시 우리 아이가 틱인가요?"

때로는 아이가 나쁜 버릇을 일부러 고치지 않는다고 여기는 부모도 있다. 충분히 참으면 통제할 수 있는데도 고의로 내버려둔다고 여기는 것이다. 그래서 창피를 주거나 단단히 혼을 내 버릇을 고쳐놓아야 하지 않느냐고 묻기도 한다. 그러나 사실 여기에는 우리가 모르는 약간의 오해가 포함되어 있다. 먼저 틱이란 것이 과연 무엇인지 알아보자.

틱 증상의 유형과 원인

틱이란 자기 의지와 상관없이 불규칙한 근육 운동을 반복하거나 소리를 내는 것을 말한다. 주로 아동기에 발견되는데, 대개 10~20퍼센트의 아동이 일시적으로 틱 증상을 보일 만큼 흔한 편이다. 보통 2세에서 13세까지 나타나고, 여자아이보다 남자아이가 3배 정도 더 높은 확률로 발병한다. 틱은 성인이 되면 대부분 완화되지만 이 중 30퍼센트 정도는 어른이 되어서도 개선되지 않는다.

틱은 대체로 운동 틱과 음성 틱으로 나뉜다. 눈 깜빡임과 안면 근육 찡그리기, 목 뒤로 젖히기, 어깨 으쓱하기, 손톱 물어뜯기 등이 대표적인 운동 틱이라고 할 수 있다. 이와 달리 특정한 소리를 내거나 기침을 하고 일부 단어나 문장을 반복해서 말하는 것은 음성 틱이다.

틱이 생기는 원인은 한마디로 딱 잘라서 설명할 수 없고 사례에 따라 다양하다. 그러나 대개는 정서적 문제가 원인이고, 이외에 유전적인 영향이나 뇌기능의 불균형, 또 환경적 요인에 의해서 발병

할 수도 있다. 남보다 예민하고 긴장을 많이 하는 아이라면 동일한 상황에 놓이더라도 다른 아이들보다 불안 정도가 심하고 스트레스도 더 많이 받는 까닭에 틱 증상이 쉽게 나타날 수 있다. 새 학기가 시작되거나 해외 유학을 가서 새로운 환경에 적응해야 할 때, 부모님과 공부나 숙제를 할 때 나타나기도 하며, 심지어 즐거운 놀이를 하느라 과도하게 흥분했을 때도 나타난다. 또 이와는 반대로 심심하고 지루할 때 틱 증상이 나타나는 경우도 있다.

어떻게 틱에 대처해야 할까

틱은 무엇보다 초기 대처가 가장 중요하다. 초기에 대처할수록 증상이 빠르게 호전될 확률이 높고, 반대로 이 시기를 놓치면 습관이 들거나 다른 증상을 함께 동반하기도 한다. 아이가 틱 증상을 보일 때 부모가 어떻게 반응하면 좋을까?

제1원칙은 지적하지 않는 것이다. 아이가 이상한 행동을 하면 부모는 걱정이 앞서서 곧바로 지적하고 혼을 낸다. 최근에는 이런 대처가 틱 증상을 악화하는 것으로 알려져서 자제하는 경우도 있지만, 그래도 얼굴과 눈빛에 드러나는 불안한 마음까지 감추기란 쉽지 않을 것이다. 언어로 지적하는 것뿐 아니라 표정으로 불안해하거나 답답해하는 모습을 보이는 것도 자제해야 한다.

그런데 여기에서 빠뜨릴 수 없는 중요한 점이 하나 있다. 지적하지 않는다고 해서 절대로 무시하거나 내버려두라는 뜻이 아니라는 것이다. 아이가 틱 증상을 보이면 서둘러 다른 분위기로 전환해서 자연스럽게 주의를 환기하는 것이 바람직하다. 예를 들어 아이가 어떤 TV 프로그램을 볼 때 틱 증상을 보인다면 블록 쌓기 놀이나 색칠 공부 등 평소 즐겨 하는 다른 활동으로 유도해서 상황을 바꾸어주면 좋다. 만약 열 살 이후의 아동이라면 틱을 하기 전에 일정한 전조 증상이 나타남을 눈치챌 수 있는데, 그런 상황이 오면 아이와 대화를 나누면서 함께 해결 방법을 모색해보는 것도 좋을 것이다.

내가 상담한 어떤 아이의 경우 가끔 긴장할 때마다 킁킁거리는 소리를 내는 틱 증상을 보였다. 함께 이 증상을 완화하려고 여러 방법을 강구해보았는데, 그중 가장 효과가 좋았던 것은 초콜릿을 먹는 것이었다. 초콜릿을 녹여 먹는 동안에는 입천장과 혓바닥에 마찰이 생겨 공간이 줄어드는 까닭에 소리가 잘 나오지 않기 때문이다. 그 외에 손톱을 물어뜯는 틱의 경우에는 언제 그렇게 하는지 살펴보고, 만약 공부할 때 자주 나타나는 행동이라면 지우개나 연필을 쥐여주는 것만으로도 도움이 된다. 여자아이가 손톱을 자주 물어뜯는다면 네일아트를 해서 예쁜 손톱을 유지하는 방향으로 신경을 돌려주는 것도 좋다.

물론 이런 것은 임시방편일 뿐이고 일상생활에 불편을 느낄 정도라면 적절한 상담과 치료가 필요하다. 증상이 심하거나 만성으로 진행된 경우 약물 치료도 도움이 된다.

아이가 안정감을 느끼는 환경을 만들어주자

예린이는 여섯 살이 되면서 영어유치원에 다니게 되었다. 영어 노래를 따라 부르는 것을 좋아하고 사람들과 말하는 것을 즐겨 하는 편이라 영어유치원에서도 칭찬을 많이 받았다. 그런데 언제부터인가 예린이에게서 눈을 깜빡이는 모습이 자주 관찰되었다. 영어 동화와 챈트가 나오는 동영상을 자주 보아서 혹시 눈이 건조한가 싶어 병원에 데리고 갔지만 별 이상은 발견되지 않았다. 그러나 그 뒤에도 깜빡이는 횟수가 늘어났고, 조금 더 심한 날은 목을 움찔하기도 했다. 움직이지 않고 동영상을 봐서 그런 건지 궁금해 병원에 가서 확인해보니 틱이라는 진단을 받았다. 예린이 엄마는 아이가 즐겁게 영어 공부를 하고 있는데 왜 틱이 생긴 건지 도무지 이해가 되지 않는다.

상담을 해보니 예린이는 영어유치원에 다니면서부터 많은 양의 숙제와 선생님들의 평가에 부담을 느끼고 있었다. 이전까지 예린이에게 영어는 즐거운 놀이였다. 하지만 영어유치원에 들어간 이후로 모든 게 달라졌다. 특히 엄마와 함께 숙제를 할 때는 즐겁기는커녕 너무나 힘이 들었다. 엄마가 글씨체와 글자 크기, 띄어쓰기는 물론, 발음까지 정확히 맞추라고 하나하나 세세히 요구했기 때문이다. 그러다 보니 영어가 부담스러워지고 점점 더 하기 싫은 공부가 되었다.

예린이는 영어를 좋아하고 잘하는 아이였다. 문제는 엄마와 공부하는 방식이었다. 아이에게 엄마는 가장 좋은 선생님이고 아이가 즐겁게 공부할 수 있도록 도와주는 훌륭한 자원이다. 하지만 엄마가 조급한 마음으로 아이를 다그치고 빨리 좋은 성적을 받기만 바라면 아이는 그만큼 자신에게 실망하고 자신감을 잃으면서 스트레스를 받게 된다. 아이가 처음부터 잘하지 못한다 하더라도 여유를 가지고 기다려주고, 잘한 부분이 있으면 칭찬을 통해 더욱 강화하는 시간이 필요하다.

나는 예린이 엄마에게 아이의 발음을 자주 칭찬해주고, 스스로 할 수 있는 쓰기 부분은 혼자 하도록 맡겨두되, 숙제가 끝나면 함께 놀이 시간을 가지면서 긍정적 상호작용을 늘리라고 조언했다. 그 뒤 예린이의 눈 깜빡임은 눈에 띄게 줄어들었다. 엄마 또한 걱정하는 말투를 줄이고 아이와 적극적으로 놀이를 수행하면서 스스로 웃음도 늘고 아이를 대하는 마음가짐도 달리할 수 있었다.

다시 한 번 강조하고 싶은 것은 아이에게 안정감을 주는 환경을 조성하라는 것이다. 틱은 예린이의 사례처럼 아이가 스트레스를 받는 좋지 않은 상황에서 발생한다. 그러므로 틱 증상에 집중할 것이 아니라 아이가 대체 무엇 때문에 스트레스를 받고 불안을 느끼는지 확인하려는 마음가짐이 우선이다. 원인을 알고 대처 방법을 찾기까지는 아무래도 시간이 걸릴 수밖에 없고, 이 과정에서는 부모와 아이 모두의 노력이 필요하다. 환경의 변화와 이로 인한 불안은 누구에게나 견디기 어려운 스트레스 요인이다. 아이에게 틱 증상이 나타날 때는 부디 아이의 잘못을 지적하기보다 아이가 즐겁게 적응하고 생활할 수 있도록 깊이 대화하고 이해하려는 노력을 기울여주면 좋겠다.

밥 먹는 시간이 너무 힘들어요

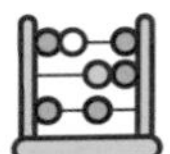

할 때는 모르다가 하지 않으면 당장 표가 나는 것이 가사노동이다. 그중에서도 매끼 식사를 챙기는 일은 그야말로 대단한 노동이 아닐 수 없다. 집에 어린아이가 있으면 그 강도도 세다. 하루 세끼와 간식까지, 아이들에게 음식을 만들어 먹이는 일이 하루 일과의 대부분을 차지한다.

이렇게 힘들게 차린 밥상을 잘 먹어주면 좋을 텐데 어떤 아이는 먹는 것에는 전혀 관심이 없어 보인다. 식사 시간이 되면 돌아다니면서 밥을 먹거나 휴대전화를 보면서 먹는 아이, 장난감을 가지고 놀면서 먹는 아이 등 밥 먹기를 거부하는 형태도 다양하다. 부모가 원하는 것은 아이가 식탁에 앉아 스스로 맛있게 밥을 먹는 것이다.

대체 어떻게 그렇게 할 수 있을까?

함께 식사하기의 중요성

식사 시 가장 중요한 원칙은 자극적인 환경을 만들지 않는 것이다. 식사를 하기 전에 먼저 주변 환경부터 정돈해야 한다. 적어도 밥 먹기 30분 전에는 TV나 영상매체를 끄고 주변에 널려 있는 장난감도 정리하자. 이렇게 해서 아이에게 이제 곧 밥을 먹을 거라는 메시지를 미리 전달하는 것이다. 밥 먹기 전의 정리정돈은 아이들에게 준비운동을 하는 듯한 느낌을 줄 수 있다.

당연히 식탁 위에 스마트폰이나 장난감을 놓는 것도 금지해야 한다. 음식점에 가면 자리에 예쁘게 앉아 휴대전화 액정에 시선을 고정하고 밥을 먹는 아이들의 모습을 쉽게 목격할 수 있다. 물론 사람들이 많은 공간에서 아이들을 얌전히 앉혀 밥을 먹이려다 보니 어쩔 수 없이 궁여지책으로 나온 방법이지만 집에서도 그렇게 하면 문제가 된다. 가정에서는 이를 최대한 자제하는 게 좋다. 영상물을 보면서 식사를 하면 무의식적으로 음식물을 삼키게 되어 비만을 유발하고, 당연히 음식의 맛과 식사의 즐거움을 온전히 느낄 수 없다. 밥을 먹을 때는 서로 소소한 대화를 나누면서 지금이 가족들과 함께하는 즐거운 시간임을 느낄 수 있게 해주어야 한다.

또 하나의 중요한 원칙은 가족이 모두 밥상을 둘러싸고 한자리에 앉는 것이다. 밥을 먹는 시간은 가족이 모두 모이는 시간임을 알게 해주어야 한다. 아이와 밥을 먹는 게 너무 힘들어서 부모가 먼저 먹고 나서 아이를 먹이는 집이 있고, 또는 아이를 먼저 먹인 다음에 부모가 나중에 먹는 집도 많다. 물론 혼자 힘으로 먹을 수 없는 영아라면 부모의 도움이 필요하겠지만 스스로 먹을 수 있는 나이라면 힘들어도 가족이 식탁에 함께 모여 앉아 먹는 습관을 길러야 한다.

식사의 시작과 끝도 함께 맞추는 것이 좋다. 만약 식사 도중에 통화를 하거나 다 먹은 사람이 일어나서 왔다 갔다 한다면 아이는 당연히 앉은 자리에서 벗어나고 싶어진다. 조금 길어지더라도 먹는 속도를 맞춰서 아이와 함께 식사를 시작하고 끝마쳐야 한다.

중요한 것은 스스로 먹게 하는 것

가끔 아이가 밥을 입에 너무 오래 물고 있다며 상담을 청해오는 경우가 있다. 그런데 밥을 물고 있는 아이들의 공통적 특징이 있다. 바로 부모가 밥을 떠먹여준다는 것이다. 시간이 없고 급하니까 떠먹여주는 것은 어찌 보면 이해가 가는 행동이다. 그러나 아이가 먹을 의사가 전혀 없는 상태에서 입안에 음식물을 집어넣기만

한다면, 아이는 밥을 삼키지 않고 그냥 물고 있어도 된다는 뜻으로 받아들일 수 있다.

한편 빨리 밥을 삼키게 하려고 김치 같은 맵고 짠 음식을 주거나, 물을 마시게 해서 억지로 삼키게 하는 부모도 있다. 아이들의 위는 매우 약하다. 이런 행동은 혹시라도 위를 상하게 할 수 있으니 조심해야 한다. 밥을 다 먹으면 아이스크림이나 젤리를 주겠다며 협상을 하고, 경찰 아저씨가 잡으러 온다고 무섭게 협박하는 것도, 방법은 다르지만 그다지 좋지 않고 효과도 없다. 이런 경험은 아이들이 점점 밥을 먹기 싫어지게 만들 뿐이다. 반드시 지켜야 할 중요한 원칙은 적은 양이라도 아이 스스로 먹어야 한다는 것이다.

모두 잘 알고 있는 내용이지만 적용하기란 말처럼 쉽지 않을 수 있다. 그래도 조금만 수고하고 노력하면 아이들은 금방 적응하고 따라와준다. 바쁠수록 여유를 가지고 가족이 함께 모여 식사하는 분위기를 만들어야 할 이유다.

엄마 몰래 머리카락을 뽑아요

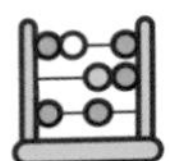

누구나 불안하거나 스트레스를 받으면 신체적으로 특정 행동을 취하기 마련이다. 한쪽 발을 떨거나, 손톱을 물어뜯거나, 눈을 자꾸 깜박이는 모습이 주위에서 자주 볼 수 있는 예다. 머리카락을 뽑는 발모광拔毛狂도 그중 하나다. 발모광은 강박장애 또는 충동조절장애의 일종으로 분류되며, 다른 말로 발모벽이라고도 한다. 쉽게 말해 자신의 머리카락이나 눈썹(속눈썹) 같은 체모를 반복적으로 뽑는 행동이다.

나의 오랜 절친 K는 긴 생머리에 모두가 부러워하는 키 크고 날씬한 몸매에다 하얀 피부를 가지고 있다. 새하얀 피부에 빨간 립스틱을 바르고 다녀서 감자튀김이라는 귀여운 별명도 붙었다. 그런데 이렇게 예쁜 K에게도 남모를 고충이 하나 있었다. 바로 정수리 옆쪽에 원형탈모 같은 형태로 머리카락이 비어 있는 것. K는 항상 작은 머리핀을 이용해 그 부분을 가리고 다녔다. 예전에는 발모광이 무엇인지 아는 사람이 별로 없었다. 원인이 무엇인지도 몰랐던 K는 애꿎은 머리카락을 계속 뽑았고, 상태가 호전되지 않아 영구 탈모로 이어졌다. 결국 머리카락을 심는 이식 수술까지 했다.

다행히 요즈음은 관련 정보를 쉽게 접할 수 있어서 발모광이 심리적 문제에서 비롯된다는 사실이 잘 알려졌고, 본인이 먼저 상담실을 찾는 경우도 많다. 발모광은 호르몬과 환경적 요인에 영향을 받지만 스트레스가 대부분의 원인을 차지하므로 탈모와는 다른 범주에 속한다.

머리카락을 뽑는 이유가 뭘까

은진이 엄마는 은진이가 유치원에 다니면서 맞벌이를 시작했다. 은진이는 유치원 종일반을 다녔고 집에 오면 저녁을 먹고 엄마와 함께 잠을 잤다. 잠이 들기 전 은진이는 엄마의 귓불과 팔을 만지는 버릇이 있었는데, 어느 날부터인가는 자기 머리카락을 뽑기 시작했다. 처음에는 너무 피곤해서 그런가 싶었지만, 날이 갈수록 뽑는 횟수가 많아지고 양도 늘었다. 아침에 청소를 하다 보면 침대 밑에 머리카락이 꽤 많이 떨어져 있었다. 아이에게 머리카락을 뽑으면 안 된다고 설명하고 혼도 내 보았지만 증상은 계속되었다. 정 안 되겠다 싶어 아기 때 하던 손싸개를 손에 끼워주고 재웠다. 물론 처음에는 불편해했지만 다행히 잘 적응해서 더는 머리카락을 뽑지 않았다.

한시름 놓은 은진이 엄마는 이 문제를 까맣게 잊고 지냈다. 그러다 초등학교 3학년이 된 어느 날 책상 밑에 떨어진 수북한 머리카락을 보고 깜짝 놀랐다. 아이가 다시 머리카락을 뽑기 시작한 것이다. 이제 은진이가 손싸개를 할 나이도 아니고, 엄마는 걱정되는 마음에 자꾸 아이만 다그치게 된다.

아이의 발모광을 발견하면 대부분의 부모는 그동안 그런 사실을 몰랐다는 데 놀라고, 한편으론 급속히 진전된 상황에 당황하게 된다. 처음에는 아이가 머리카락을 뽑는 줄도 모르고, 어느 날 머리를 빗겨주면서 우연히 탈모 부위를 발견하는 경우가 많다. 발모광은 주로 9~13세 아동기와 청소년기에 처음 나타난다. 대체로 긴장이나 불안이 높을 때 스트레스를 해소하려 머리카락을 뽑게 되는데, 이런 행동이 반복되면 긴장이 완화된 상태에서 습관적으로 뽑기도 한다. 발모광 증상을 보이는 아이들에게 머리카락을 뽑을 때의 느낌이 어떤지 물어보면 대개 '시원하다'라고 표현한다. 머리카락을 뽑으려고 잡아당길 때의 짱짱한 긴장감이 머리카락을 뽑고 났을 때 두피에 느껴지는 시원한 감각으로 변해 안정감 같은 긍정적 정서로 받아들여지는 것이다. 나중에는 더 큰 자극을 얻기 위해 더욱 굵은 머리카락을 골라 뽑기도 한다.

발모광은 앞서 말했듯이 대체로 아동기나 청소년기에 발생하지만, 가끔 어린 영유아기에 발견되기도 한다. 이때는 조기 발생 형태(조발형)로, 손싸개나 다른 놀이활동으로 손쉽게 치료가 가능한 편이다. 그러나 아동기 이후 뒤늦게 시작하는 이른바 만발형이 되면 치료가 어려워진다. 특히 부모님 몰래 숙제나 일과를 하면서 뽑기 때문에 알아채기 어렵고, 머리카락이 뽑혀 비어 있는 부분이 눈에 띄므로 주변에서 놀림을 당하면서 2차적 심리 문제가 뒤따르기도 한다. 무턱대고 뽑지 말라고 혼을 내거나 대머리가 된다고 겁을 주는 경우에도 부정적 효과를 불러올 수 있다. 부모의 염려와 걱정 어린 시선이 아이에게는 지적과 핀잔으로 느껴져 불안을 조장하고, 이것이 다시 머리카락을 뽑는 행동으로 이어지는 악순환이 만들어지기 때문이다.

가장 좋은 해결책은 발모광을 일으키는 스트레스 원인을 찾아 적절한 치료를 하는 것이다. 물론 심리적 스트레스가 완전히 해소되지 않으면 재발하는 경우가 많고, 성인이 된 이후 뒤늦게 반복될 수도 있다. 은진이도 어릴 때는 손싸개 정도로 쉽게 해결이 되었지만 초등학생이 되면서 다시 만발형으로 습관화된 경우였다.

과연 은진이는 무엇이 문제였을까? 은진이는 특히 숙제를 하거나 씻을 때 머리카락을 자주 뽑았고, 자기도 모르게 뽑을 때가 있지만 알면서도 머리카락을 뽑고 싶은 마음이 들었다. 이것이 습관화되고, 그러다 보니 뽑는 수가 점점 더 늘어난 것이다. 사실 은진이의 발모광에는 공부 스트레스에 더해 엄마의 우울증에 대한 부담이 작용하고 있었다.

은진이 엄마는 늘 스스로 불행한 인생이라고 생각하고 있었고, 알게 모르게 아이 앞에서 한탄을 늘어놓을 때가 많았다. 은진이의 성적을 다른 아이와 비교하며 염려하다가도 어쩔 수 없다는 듯 "내가 그렇지 뭐" 하며 자조 섞인 말을 수시로 내뱉었다. 그때마다 은진이는 엄마 몰래 머리카락을 뽑는 것으로 나름의 스트레스를 해소했던 것이다.

아이의 감정에 적극적으로 공감해주자

발모광은 머리카락을 뽑는 습관이므로, 모발클리닉에서 치료를 받는 것도 일정 부분 도움이 될 수 있다. 하지만 근본적인 스트레스 요인을 찾아 해소하고 정서적 안정을 되찾을 때 더욱 긍정적인 효과를 기대할 수 있다. 은진이의 사례처럼 부모의 우울이 자녀에게 큰 영향을 주는 만큼 부모 자신의 감정을 다스리려는 노력도 필요하다. 티가 나지 않게 조심한다고 해도 부모의 감정은 아이에게 직접적인 영향을 준다. 근심하고 걱정하는 말만 줄인다고 되는 것이 아니다. 비언어적으로 전달되는 부정적 감정까지 차단해야 한다. 또 부모가 아이의 상태를 걱정할수록 아이는 더욱 불안해지므로, 발모하는 모습을 걱정스러운 눈으로 지켜보기보다는 발모하지 않으려 노력하는 모습을 칭찬해주는 편이 훨씬 효과적이다.

아이의 표현력을 향상시켜주는 것도 필요하다. 아이가 스트레스를 받는 원인은 다양하지만 대체로 자기 감정을 제대로 표현하지 못하고 또 적절하게 해소할 수 없어서인 경우가 많다. 자기 감정을 자연스럽게 표현하기 위해서는 무엇보다 부모의 수용적 태도가 먼저다. 아이의 말에 귀 기울여주고 의견을 수용하려 노력하면 발모광은 자연스럽게 줄어든다. 부모에게 이해받고 존중받는 경험은 그 자체로 스트레스를 해소하고 긍정적 자아상을 형성하는 데 큰 도움이 된다. 만약 지금 아이의 발모광 문제로 고민하고 있다면, 자녀가 학교생활과 공부, 또래 관계 등 자신에 관한 이야기를 할 때 내가 공감하고 경청해주는지 스스로에게 질문해보자.

발모광이 스트레스로부터 비롯되는 만큼 놀이를 통해 스트레스를 해소하는 것도 좋다. 백번을 강조해도 지나치지 않을 만큼, 놀이는 아이의 정서를 안정시키고 애정을 충족할 수 있는 훌륭한 수단이다. 자주 매일 놀아주면 좋겠지만, 그게 어렵다면 아주 짧은 시간만이라도 아이에게 관심을 주고 아이가 좋아하는 놀이를 함께 하며 스트레스를 건강하게 해소할 수 있도록 도와야 한다. 아이의 불안과 스트레스를 수용하면서 다른 활동으로 전환을 유도할 수도 있다. 스트레칭을 하거나 몸을 움직이면서 두피의 자극이 아닌 다른 부위의 신체감각에 집중할 수 있도록 하는 것이다.

그 외에 부가적으로, 두피를 자극하지 않기 위해 물리적으로 방어해주는 방법도 있다. 모자나 머리띠를 이용하거나 머리가 긴 경우에는 땋거나 묶어주어도 좋다. 물론 이런 방법을 쓸 때도 대화를 통해 아이의 불안한 마음을 먼저 알아주고 심리적 원인을 함께 해결하려 노력한다면 더할 나위 없을 것이다.

귀신이 나올까 봐 무섭대요

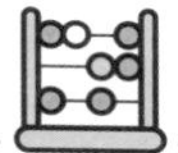

초등학교에 다닐 때 학교 앞 문구점에서 파는 형형색색의 신기한 볼거리에 정신이 팔려본 경험이 누구에게나 있을 것이다. 문구점에서는 학용품과 간식거리, 아기자기한 팬시용품 등 다양한 상품을 판매한다. 심지어 손바닥 안에 쏙 들어가는 작은 사이즈의 유머집이나 수수께끼 모음집 같은 미니북 종류도 있다. 그런 책 중에서도 아이들의 호기심을 자극하는 것은 아무래도 무서운 이야기를 모아놓은 게 아닐까 싶다. 손에 땀을 쥐어가며 책을 읽는 건 크게 문제 될 일이 없다. 책에 담긴 내용에 적당히 몰입하는 것은 이해와 공감 능력 계발에도 도움이 된다. 그런데 간혹 무서운 책을 읽고 잠을 자지 못했다고 호소하는 아이들이 있다. 귀신이 나올까 봐 무서워서 혼자서 집에 가지 못하겠다, 지진이 날까 봐 걱정된다, 엄마가 죽을까 봐 두렵다……. 왜 아이들은 현실적으로 일어나기 힘든 일을 걱정하고 불안해하는 걸까?

불안은 쉽게 전염된다

학기 말이 되어 방학을 앞두고 한가해진 학교에서 아이들에게 영화 한 편을 틀어주었다. 요즈음 아이들이 좋아하는 좀비 영화였다. 세진이도 친구들과 함께 즐겁게 영화를 보았다. 그런데 그날 저녁 잠을 자려고 누우니 오늘 학교에서 본 영화가 생각나면서 좀비가 침대 밑에서 나오면 어쩌나 하는 두려움이 밀려왔다. 유튜브 광고에서 보았던 공포영화의 한 장면도 함께 떠올랐다.

세진이는 너무 무서워서 엄마에게 좀비가 나타날 것 같으니 함께 자고 싶다고 이야기했다. 그러자 돌아오는 건 뜬금없다는 대답이었다.

"세상에 좀비가 어디 있어? 그런 건 없으니 걱정하지 말고 자."

세진이는 초등학생이 된 이후로 혼자 자기를 시도하고 있는데, 고학년이 된 지금도 무서운 것을 보고 나면 밤에 자꾸 생각이 나면서 혼자 자는 게 힘들다. 심지어 학원이 끝나고 셔틀버스에서 내려 집에 가는 길도 무섭게 느껴진다. 세진이 아빠는 다 큰 녀석이 뭐가 무섭냐며, 공부하기 싫어서 핑계 대는 게 아니냐고 혼을 내지만, 세진이 엄마는 아이의 불안에 동조해 스스로도 불안한 마음이 조금씩 커진다.

어릴 적 엄마의 귀가가 늦거나 학교에서 돌아왔는데 엄마가 집에 없으면 무슨 일이 일어난 것은 아닌지, 혹시 사고가 난 건 아닌지 걱정하던 경험이 누구에게나 한 번쯤 있을 것이다. 불안은 아동기에 느끼는 필수적이고 보편적인 정서라고 할 수 있다. 여기에는 막연한 두려움과 함께 성적 스트레스로 인한 불안도 포함된다. 불안은 대개 성장 과정에서 나타나는 자연스러운 모습이지만, 걱정이 지나쳐 생활에 지장을 준다면 불안장애를 염려해보아야 한다.

아이들의 불안에는 여러 가지 원인이 있는데, 크게는 기질적 요인과 환경적 요인으로 나누어 생각해볼 수 있다.

먼저 기질적으로 불안이 높은 경우를 살펴보자. 앞서 살펴보았듯이 기질의 하위 영역인 위험 회피 중에는 예기불안이 있다. 일어나지 않은 일을 미리 걱정하는 것으로, 항상 불안감을 가지고 지낸다기보다는 심리적으로 취약해 아주 작은 스트레스에도 불안감이 올라온다고 생각하면 된다. 특히 기질적 불안이 높으면서 성격의 하위 영역에 있는 영성(신, 귀신, 괴물 등 영적 존재를 믿는 것)이 높은 경우는 귀신이나 괴물을 더욱 무서워하게 된다. 또한 불안과 환상(실체가 없는 상상력이나 공상)이 높으면 직접 보거나 경험한 것, 책이나 영상물로 접한 것을 실제라고 믿기 쉽다. 현실적으로 일어날 수 있는 일에 대해서도 두려움을 느끼곤 하는데, 지진이 날까 봐 두려워하거나, 코로나 같은 전염병에 걸릴까 봐 걱정하는 식이다.

이와 달리 환경적 요인은 경험에 영향을 받는 것이다. 살아오면서 트라우마를 남길 만큼 큰일을 겪으면 누구든 수시로 불안할 수밖에 없다. 물론 학교 성적과 관련해 지적을 받거나 비교당하고 혼이 나는 상황에서 스트레스를 받아 불안이 올라오기도 한다. 또 부모와 불안정한 애착 관계를 형성해도 불안을 느끼게 된다. 특히 주 양육자가 계속해서 바뀌거나 부모의 부재, 단절, 방임, 거부 등으로 상처를 입으면 부모뿐만 아니라 사회적 상호작용의 신뢰 관계에도 악영향을 받는다. 그리고 너무 당연한 이야기지만 부모가 불안이 있는 경우 아이에게 전도될 확률이 매우 크다.

미국의사협회 학술지 〈자마 네트워크 오픈JAMA Network Open〉에 캐나다 댈하우지대학의 정신의학과 전문의 바버라 파블로바Barbara Pavlova 교수 연구팀이 221명의 엄마와 237명의 아빠, 그리고 그들의 자녀 398명을 대상으로 부모의 불안이 자녀에게 어떻게 작용하는지에 관해 연구를 진행한 내용이 실렸다.

이 연구에 따르면 부모가 불안장애가 있으면 자녀도 불안장애가 나타날 위험이 높았다. 부모가 모두 불안장애를 가진 경우 자녀의 평생 불안장애 발병률이 41.4퍼센트로 가장 높았고, 부모 중 한쪽이 불안장애인 경우 23.7퍼센트로 나타났다. 특히 불안한 엄마는 딸에게 불안을 옮길 가능성이 높았고, 불안한 아빠는 아들에게 불안을 옮길 가능성이 높았다. 자녀가 모방 또는 대리 학습을 통해 부모의 불안장애 증상과 행동을 따라 하며 전이되는 것이다.

불안을 표현하는 방법

아이들이 불안을 표현하는 방법에는 여러 가지가 있다. 그중에 특정한 이유 없이 계속해서 불안을 토로하는 아이도 있다. 음식에 독이 들어 있을까 봐, 집이 무너질까 봐, 지진이 날까 봐, 친구들이 나를 싫어할까 봐……. 이런 걱정은 일상생활과 사회적 상호작용에 큰 영향을 미친다. 과도한 불안과 걱정이 지속되면 범불안장애도 의심해볼 수 있다.

이와 달리 트라우마로 인한 특정 공포증은 불안과 연관이 있는 어떤 요소가 두려움을 주는 경우이다. 개에 물린 아이가 개를 무서워하고, 낙상 사고를 당한 아이가 높은 곳을 무서워하는 식이다. 이외에도 호흡곤란이나 어지럼증을 동반하는 공황장애, 애착 대상과의 분리를 과도하게 두려워하는 분리불안, 그리고 사회적 상황에서 두려움을 느끼는 사회불안장애가 있다. 아이들의 사회는 학교이므로, 사회불안장애를 가진 아이는 학교에서 발표하기가 너무 두려워서 목소리를 심하게 떨거나 아예 말을 하지 못하고, 발표가 있는 날엔 학교에 가지 않겠다고 고집을 피우기도 한다. 내가 상담한 어느 초등 고학년 아동은 줌 수업에서 친구들이 나만 바라보는 것 같은 기분에 두려워져서 후다닥 줌을 끄고 나오기도 한다고 고백했다.

불안장애는 아동기에 흔히 나타나지만 문제는 이것이 지속될 때다. 불안한 심리를 다스리지 못하면 등교 거부, 강박증, 우울증, 학업 곤란, 신체화 증상 등의 2차적 문제를 동반할 수 있다.

불안에서 아이를 구하는 법

불안해하는 아이를 어떻게 도와야 할까. 대개 부모는 현실에 없을 법한 일을 두고 불안해하는 아이에게 그런 일은 실제로 일어나지 않는다고 친절하게 설명해줄 것이다. 그러나 계속되는 아이의 걱정과 두려움은 부모의 인내심을 훌쩍 뛰어넘기 일쑤다. 아이의 하소연을 잘 들어주다가도 어느 순간에는 부모가 먼저 지쳐서 "그만 좀 해. 대체 뭐가 무서워. 그거 다 지어낸 거야" 하고 짜증을 내고 언성을 높이게 된다.

아이에게 안정감을 주기 위해서는 반복해서 설명하고 공감해주는 것이 매우 중요하다. 문제는, 비록 누구나 알지만 이것이 너무 힘들고 귀찮은 과정이라는 것이다. 그러나 그럴수록 여유를 가져야 한다. 아이도 불안해지고 싶어서 불안해지는 것이 아니다. 스스로 감정이나 사고를 통제하기 어려워서 하는 행동이고 표현일 뿐이다.

좀비 영화를 보고 무서워진 아이가 엄마에게 무섭다고 이야기할 때는 가장 먼저 아이의 감정을 알아차리고 공감해주면 좋다. "영화가 너무 무서웠구나. 엄마도 그 영화 봤는데 정말 무섭더라."(공감) 그런 다음 아이가 이해할 수 있는 표현으로 설명해주자. "그런데 좀비는 현실에서는 없는 존재야. 물론 영화에서 사람 같은 모습으로 만들어서 언뜻 보면 무섭기는 해……. 그치?"(설명) 이렇게 안심시키고 난 후 현실적으로 적용해볼 수 있는 방법을 알려주자. "그런데 너무 무서우면 보지 않아도 돼."(대안 제시)

가끔 부모 상담 시간에 자녀에게 무서운 영상을 보여주지 말라고 안내하면 자기 아이는 그런 것만 유달리 좋아해서 시간을 맞춰놓고 챙겨보기까지 한다고 이야기하는 경우가 있다. 그러나 아이들이 무서운 영상을 재미있게 보는 이유는 결코 귀신이나 좀비가 무섭지 않아서가 아니다. 이야기가 어떻게 전개될지 너무나 궁금해서 무섭지만 참고 보는 것이다. 이럴 때는 무서운 영상을 보게 내버려두기보다는 "내용이 궁금하면 줄거리를 이야기해줄까?"라고 하면서 아이의 궁금증과 두려움을 적절히 해소해주는 지혜가 필요하다.

아이의 주변에는 불안을 자극할 만한 사건과 상황이 즐비하다. 어디에나 넘쳐나는 드라마와 영상, 도서와 인쇄물을 하나도 접하지 않고 지낼 수는 없다. 그러므로 아이의 두려움을 자극하는 사건이 발생했다면 불안한 마음을 알아차리고 관심을 주어야 한다. 우리가 주변에서 쉽게 접하는 역사 드라마 속 치열한 전투 장면이나 권선징악의 교훈이 담긴 전래동화도 일부 아이들에게는 두려운 감정을 자극하는 촉발제가 될 수 있다. 특히 도깨비와 귀신이 나오는 전래동화는 유치원생 이하의 연령대에는 추천하지 않는다.

아이들의 불안은 결코 어떤 대단한 사건으로부터 시작되는 것이 아니다. 부모가 무심코 지나칠 법한 작은 상황이 불씨와 자극제가 되어 스트레스와 불안을 야기하게 된다. 아이를 조금 더 세심하게 살피고 적극적으로 공감해준다면 아이들이 부모에게 보호받고 있다는 안정감을 느끼면서 두려움을 극복할 수 있을 것이다.

"만일 내가 다시 아이를 키운다면
먼저 아이의 자존심을 세워주고 집은 나중에 세우리라.
아이와 함께 손가락 그림을 더 많이 그리고
손가락으로 명령하는 일은 덜 하리라.
아이의 행동을 바로잡으려 하기보다는
아이와 하나가 되려고 더 많이 노력하리라.
시계에서 눈을 떼고 그 눈으로 아이를 더 많이 바라보리라."

—다이애나 루먼스Diana Loomans

[에필로그]

모두가 행복해지는 여정의 시작

얼마 전 한 유튜브 채널에서 '부모 자녀 간의 세대 차이'를 주제로 출연을 의뢰받아 촬영한 적이 있다. 제작진에게 미리 전달받은 각각의 사례를 열심히 설명하고 나누었는데 영상에 달린 여러 댓글 가운데 눈에 띄는 것이 있었다.

'저렇게 말하는 상담사도 과연 자신이 말하는 대로 하고 있을까. 자기 자녀와 싸우고 부모하고도 싸우겠지.'

댓글을 보고 처음엔 조금 당황했지만, 다시 생각해보니 내 강의 내용이 이상적으로만 들릴 수도 있겠구나 싶었다. 맞다. 나도 힘들었다. 배운 것을 그대로 실천하고, 나 자신을 들여다보기란 쉽지 않았다. 큰아이를 낳고 키우면서 얼마나 많이 싸우고 힘들었던가?

얼마나 우여곡절이 많았던가? 사실 내가 지금의 리라쌤이 될 수 있었던 데는 우리 큰아이의 공이 매우 크다.

어릴 적 나의 장래희망은 심리상담사가 되는 것이었다. 하지만 결혼하고 아이를 낳아 키우면서 그 꿈은 어디론가 사라지고 하루하루가 그저 피곤하고 버겁게만 느껴졌다. 나에게 육아는 신체 및 정신적 에너지를 모두 최대치로 쏟아내야 하는 고된 일이었다. 아이를 키우는 게 무엇 하나 뜻대로 되지 않고, 말을 안 들어도 정말 이렇게 안 들을 수가 있나 싶어 엄마를 하기 싫은 날도 있었다. 왜 결혼해서 이 고생을 하고 있나 싶은 생각에 남편도 자식도 다 밉고 싫었다.

그때 우연히 부모-자녀 관계를 회복하는 교류분석TA: Transactional Analysis 수업을 듣게 되었다. 그리고 그 덕분에 나는 나라는 존재에 대해 제대로 알 수 있었다. 우리 부모와 나의 관계를 객관적으로 직시하고, 내 자녀와 나의 문제를 올곧이 바라보게 되는 깨달음이 찾아왔다. 그랬다. 어른이 되고 엄마가 되었는데, 그때까지도 나는 나에 대해 알지 못했던 것이다. 내가 누구이고 어떤 사람인지, 어떤 환경에서 살았고 부모와 어떤 관계를 맺으며 성장했는지 아무

것도 모르고 살아온 사람이었다. 나의 문제는 융합된 부모와의 관계에서 시작해 애정 결핍, 완벽주의, 낮은 자존감 등과 맞물려 내 자녀에게 고스란히 대물림되고 있었다.

그 후 나는 내가 원하는 양육이 아닌 아이를 위한 양육으로 양육 방식을 변화시켰고 생각의 틀을 바꾸었다. 인생을 바라보는 가치관도, 세상을 보는 법도 덩달아 달라졌다. 지금은 어느 누구에게나 자신 있게 아이와 함께 행복한 삶을 살아가고 있다고 이야기하고, '심리상담사인 본인이 그런 삶을 살고 있는가'라는 질문에 '그렇다'라고 흔쾌히 답할 수 있을 정도가 되었다.

유튜브 시청자의 시니컬한 댓글에 문득 지난날 내 아이를 기르던 힘들고 괴로운 시절을 떠올리며, 나는 엄마가 되는 일에 대해 다시금 생각해보았다. 아이를 낳았다고 해서 저절로 좋은 엄마가 되는 것은 아니다. 온전하지 않은 나를 다시 바라보는 시간이 필요하다. 한 인간으로서 나는 누구이고 어떠한 사람인지 알고 양육할 때 비로소 진정한 엄마로 거듭날 수 있다. 이 과정을 거쳐야 자녀와 내가 분리되고 온전한 엄마로서 자녀를 건강하게 성장시킬 수 있는 것이다.

나는 자녀와의 갈등이 얼마나 마음 아프고 힘든 고통인지 너무나 잘 알고 있는 입장에서, 변화를 통해 드라마틱한 삶의 행복을 경험할 수 있다는 걸 느껴본 입장에서, 꼭 내가 아는 것을 함께 공유하고 행복을 나누며 살아가고 싶은 마음이 들었다. 이것이 내가 리라쌤으로서 상담을 계속하는 이유이자, 이 책을 쓴 목적이다. 사실 상담은 문제를 해결해주지 않는다. 단지 객관적인 경우의 수를 살피고, 우리 가정에 가장 효과적으로 적용할 수 있을 방법을 생각해보는 과정이다. 어느 한 사람이 아닌 가족 모두가 더불어 행복해지는 방법을 찾아가는 여정이면서, 또한 선택의 갈림길에 섰을 때 가장 후회하지 않을 방법을 함께 고민하고 결정할 수 있도록 격려하고 조언하는 과정이기도 하다. 때에 따라서는 힘겹고 슬프고 견디기 어렵지만, 작은 힘과 힘을 모아 버티면서 헤쳐나가는 일이 상담이다.

많은 부모가 자신이 아이의 발달 단계에 맞게 자녀를 잘 키우고 있는지, 혹시 잘못하고 있는 것은 아닌지 애태우며 걱정한다. 물론 아이의 연령에 맞는 양육 태도는 매우 중요하고, 그런 노력은 바람직하다고 볼 수 있다. 하지만 그보다 중요한 것은 아이가 자기 앞에 놓인 길고 긴 인생에서 스스로 세상을 향한 목표를 설정하고 도전할 힘을 갖도록 돕는 것이다. 결국 그 힘이 앞으로 살아가면서 부딪힐 숱한 역경을 이겨낼 토대가 되어주기 때문이다. 내가 상담에서 강조하는 양육의 최종 목표는 자녀가 더 이상 부모와 함께하지 못하는 날이 와도 혼자서 세상에 당당하게 맞서고 행복하게 살아갈 수 있는 존재로 성장시키는 것이다. 그러기 위해서는 아이가 부모에게 충분히 사랑받고 존중받는다고 느끼면서 스스로 자기 자신을 보듬고 사랑할 수 있어야 한다. 부모가 온 마음을 다해 자녀를 사랑해야 하는 이유가 여기에 있다.

처음 상담실에 오면 많은 부모가 "이 문제를 해결할 수 있을까요?"라고 묻는다. 그러나 문제를 해결할 열쇠는 부모 스스로가 쥐고 있다. 어떤 마음으로 아이를 바라볼 것인가. 문제라고 느끼는 이 상황을 어떻게 해결할 것인가. 어떤 방식으로 접근하느냐에 따라 문제가 해결될 수도 있고 오히려 더 심각해질 수도 있다. 모든 문제는 부모의 결정에 따라 해답이 달라진다.

간혹 상담 중에 부모님들이 한참 고민을 털어놓다가 "리라쌤이라면 어떻게 말씀하셨을까 생각해봤어요"라고 말할 때가 있다. 그러면 나는 큰 소리로 웃으며 이제야 우리가 헤어질 때가 되었다고 말해준다. 사실 상담사는 그저 객관적으로 상황을 보고 설명해줄 뿐, 결정은 부모가 하는 것이다. 어떤 문제 상황에서 상담사의 입장이 되어 생각을 해보았다는 것은 이제 감정적으로 문제를 바라보지 않고 스스로 객관화해서 볼 힘이 생겼다는 뜻이다. 그리고 그렇게 해서 마음이 내어놓는 대답은 언제나 간단하고 명료하다. 이 책을 읽은 독자 여러분도 마찬가지다. 머리가 하얘지는 상황에 맞닥뜨렸을 때 '과연 리라쌤은 뭐라고 말했을까?' 하고 잠시 물러나 생각할 수 있다면 아마도 주관적인 감정에 휩싸여 함부로 행동하기보다는 합리적으로 문제를 해결하려 노력하고 있는 자신을 발견하게 될 것이다.

비록 지금은 힘들지 몰라도 믿고 기다려주면 사랑하는 자녀들이 부모와 진심으로 소통하는 즐거움을 나누는 변화의 시간은 찾아온다. 그러기 위해서는 먼저 부모인 나 자신이 나를 있는 그대로 바라보고 내가 느끼는 무수한 감정을 가만가만 돌아보면서 진정한 나를 만나야 한다. 앞으로도 우리는 많은 고난과 시련을 마주해야 할지 모른다. 하지만 해결하지 못할 문제는 세상에 없다. 내 자녀가 원하는 것이 무엇이고, 어떤 방향이 모두를 평화롭게 할 수 있는지, 진짜 문제는 어디에 있는지를 다시금 살펴보면서 엉킨 실타래를 풀어간다면 분명히 바람직한 변화가 시작될 것이다. 리라쌤도 언제나 여러분을 응원하며 함께할 것을 약속한다.